Relly Victoria PETRESCU

GRAFICĂ COMPUTAŢIONALĂ (AUTOCAD 2012)

CREATE SPACE
PUBLISHER
-USA 2013-

Copyright

Title book: Grafică computaţională (AutoCAD 2012)

Author book: Relly Victoria Petrescu

ISBN 978-1-4825-4144-1

WELCOME

You are welcome to read the full book! The author.

Sunteți invitați să citiți întreaga carte! Autoarea.

CUPRINS

01. NOȚIUNI INTRODUCTIVE

Lansarea în execuție a programului AutoCAD

Lansarea în execuție a programului se face cu ușurință executând

dublu clic pe pictograma specifică  de pe ecran.

Sau urmând secvența: Start => All Programs =>

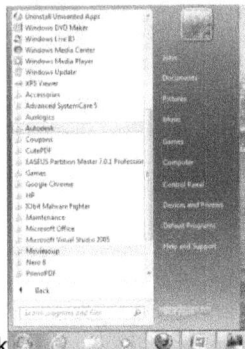 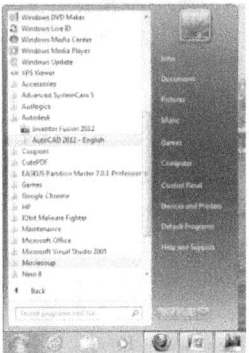

=>Autodesk => AutoCAD 2012

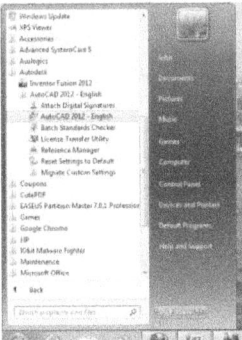

=>AutoCAD 2012

Sau utilizând un manager de directori (de exemplu Computer), se deschide directorul în care este instalat programul AutoCAD 2012 (Program Files ->Autodesk ->AutoCAD 2012 – English ->acad.exe).

Se afișează ecranul grafic:

Crearea unui nou desen și salvarea lui

Mergem cu mouse-ul pe iconul File (colțul stânga-sus al ecranului) 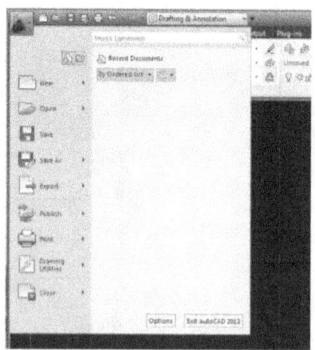, dăm clic

pe A și se deschide (derulează) meniul pop-file din care alegem New (îl atingem ușor cu mouse-ul) și se deschide o nouă fereastră care conține doar două opțiuni Drawing (desen) și Sheet Set (crează o foaie model care să managerieze aspectele desenelor, căile către fișier și sau proiectul de date).

Alegem evident (la acest pas) comanda Drawing (clic pe ea) și se deschide o nouă fereastră Template (șablon), din care ne putem alege tipul de fișier-șablon pe care dorim să-l utilizăm pentru noul desen pe care-l vom creea.

Observație: se putea ajunge direct la această secvență (fereastră) dacă din ecranul principal se dădea clic pe iconul New (situat în stânga-sus imediat la dreapta lui A).

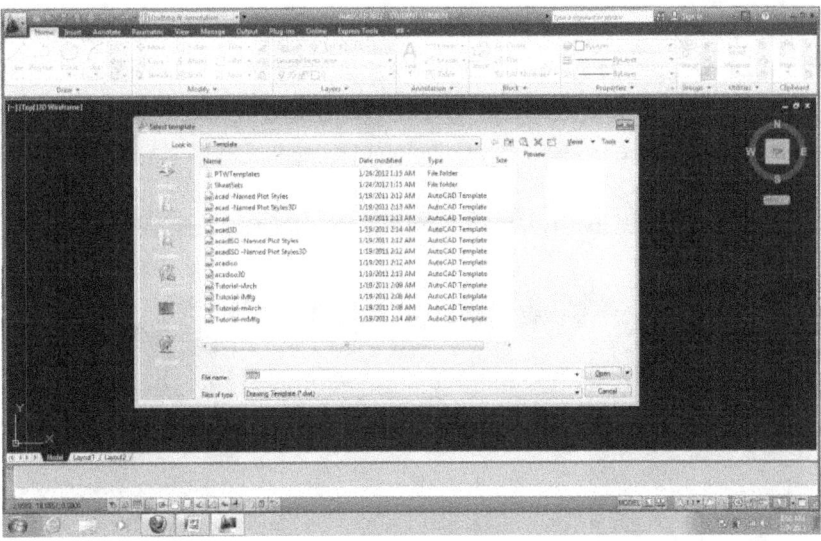

Dacă alegem spre exemplu acadiso se va deschide un format metric ISO A3 420x297 [mm]. Aceste fișiere desen șablon au toate extensia dwt fiind practic niște șabloane. Alegând fișierul respectiv el va fi deschis automat în formatul desen (extensia dwg), atribuindu-se de exemplu denumirea drawing2.dwg; odată deschis acest fișier e bine să fie salvat sub o nouă denumire personalizată și dacă se poate și într-o nouă locație (într-un nou director-subdirector).

Mergem la meniul File, dăm clic pe el, și ne poziționăm cu mouse-ul pe Save As; se deschide fereastra de mai jos din care alegem firesc prima opțiune AutoCAD Drawing (desen AutoCAD) care are extensia de fișier desen normală dwg (a se vedea și scurtătura prin care putem ajunge direct la această fereastră, și anume combinația de taste: Ctrl+Shift+S).

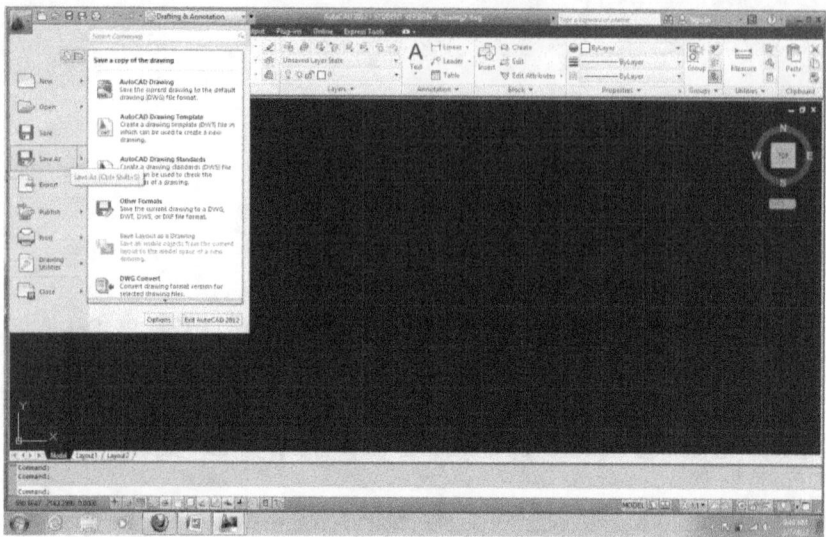

Urmează deci clic pe AutoCAD Drawing și se deschide fereastra de mai jos, care e setată implicit pe un anumit subdirector al acadului și pe denumirea Drawing2.dwg; dacă vom da save (clic pe Save) nu se va modifica practic nimic deoarece fișierul se va salva din nou în locația implicită și sub denumirea implicită.

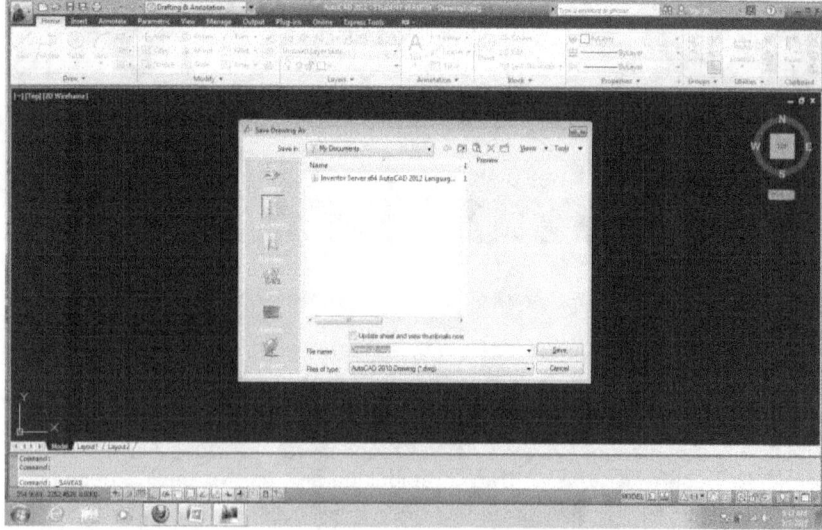

Trebuie să alegem o denumire și o locație convenabilă operând modificările respective în cele două benzi ale casetei Save Drawing As, spre exemplu după modelul următor, unde am ales subdirectorul Diverse fisiere, situat într-un director convenabil pregătit anterior, și denumirea fișierului desenul001 având bineînțeles tot extensia desen (dwg).

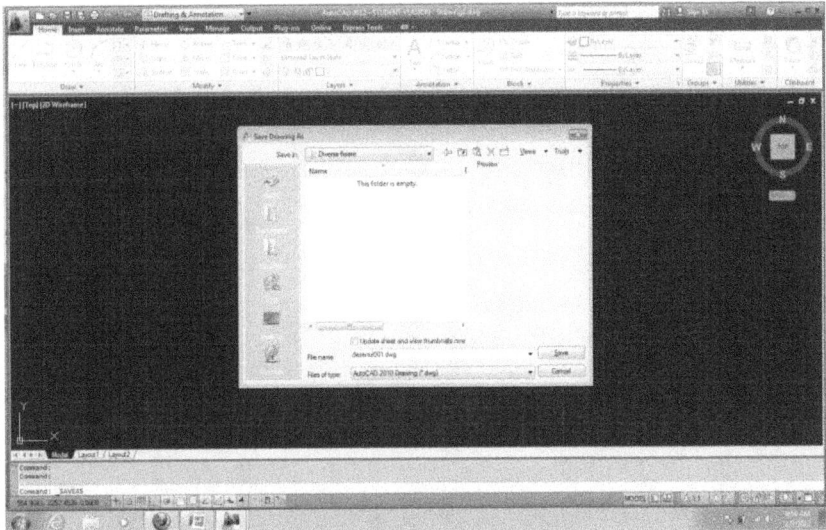

Urmează clic cu mouse-ul pe Save, sau două comenzi succesive de la tastatură Enter=>Yes, și fișierul se salvează în locația aleasă sub denumirea hotărâtă.

Ecranul va arăta în continuare ca în imaginea de mai jos.

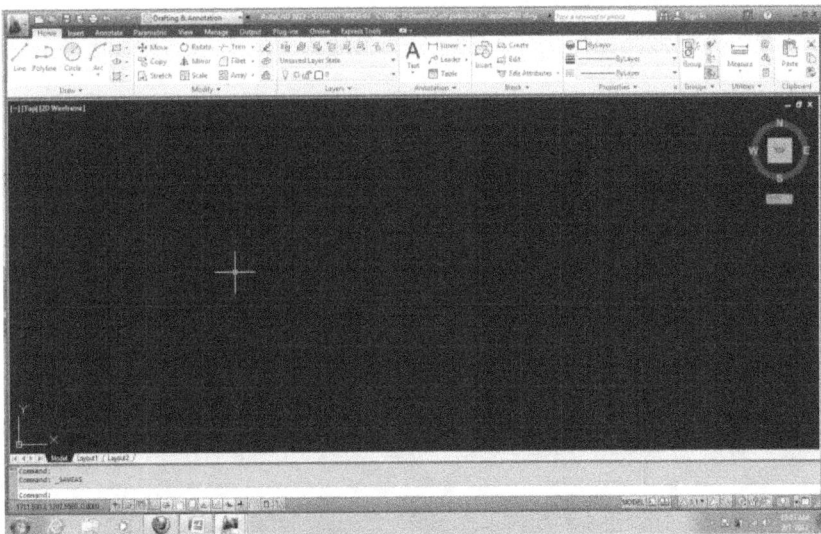

Observație importantă:

Variabila **Startup** care poate primi una din valorile 0, sau 1, este setată implicit pe valoarea 0.

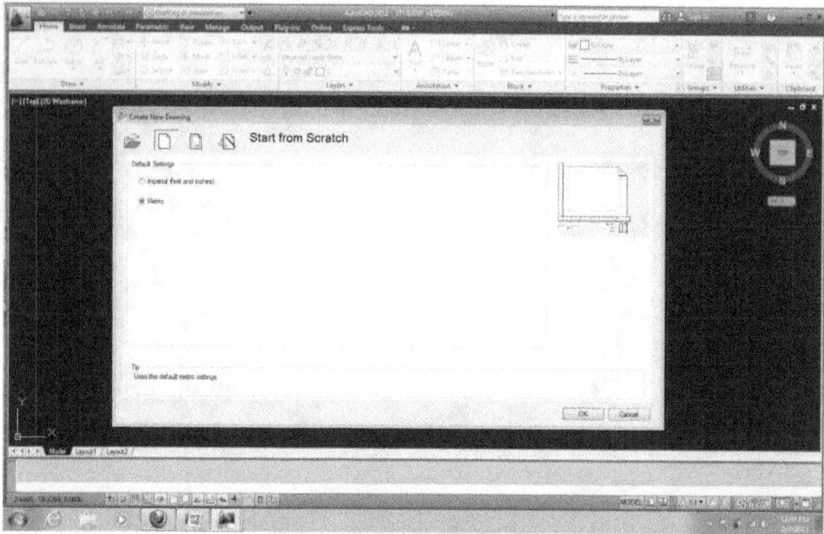

La trecerea ei pe valoarea 1 (dând comanda Startup 1, în linia de comenzi din partea de jos a ecranului) atunci când vom da clic pe New se va deschide o altfel de casetă de aspectul de mai sus, care are un caracter mai general, permițând trecerea la o fereastră șablon similară celei de la variabila implicită 0 atunci când apăsăm pe poza din mijloc-sus (vezi imaginea de mai jos), sau trecerea la modul Wizard (vrăjitor) atunci când apăsăm pe iconul din dreapta-sus (vezi imaginea a doua de mai jos).

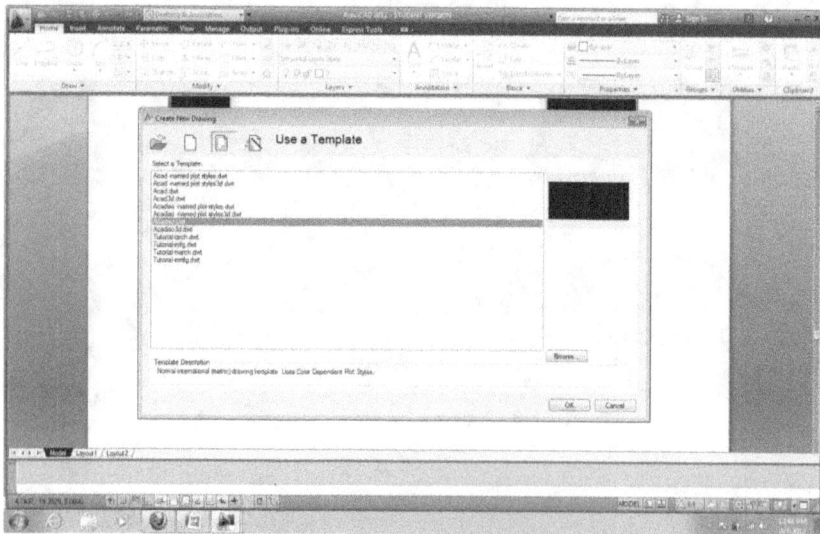

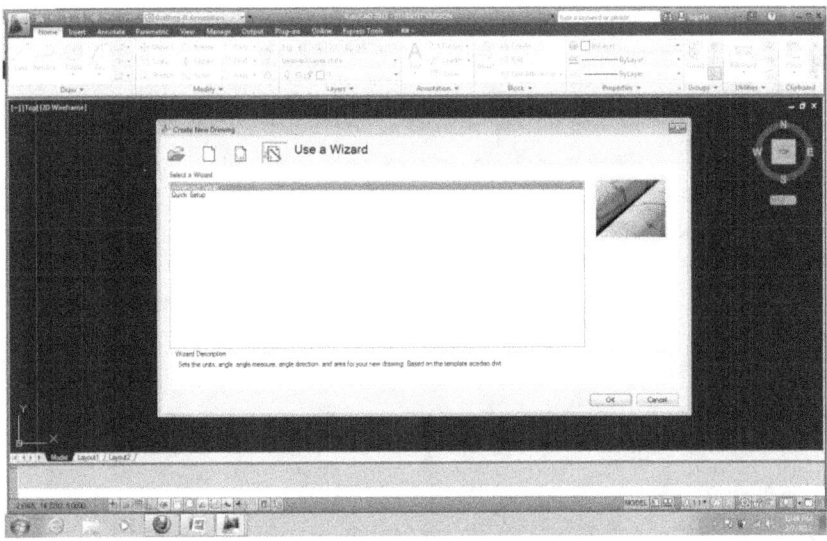

La selectarea uneia din cele două variantele de setare manuală (prin intermediul vrăjitorului) avansată sau rapidă, se vor deschide diverse ferestre cu reglaje (setări), care se schimbă cu next, până se realizează toate setările.

Prima fereastră care apare (vezi figura de mai jos) este cea cu setarea unităților de măsură (stilul în care ele vor fi afișate: zecimal, ingineresc, arhitectural, fracțional, sau științific).

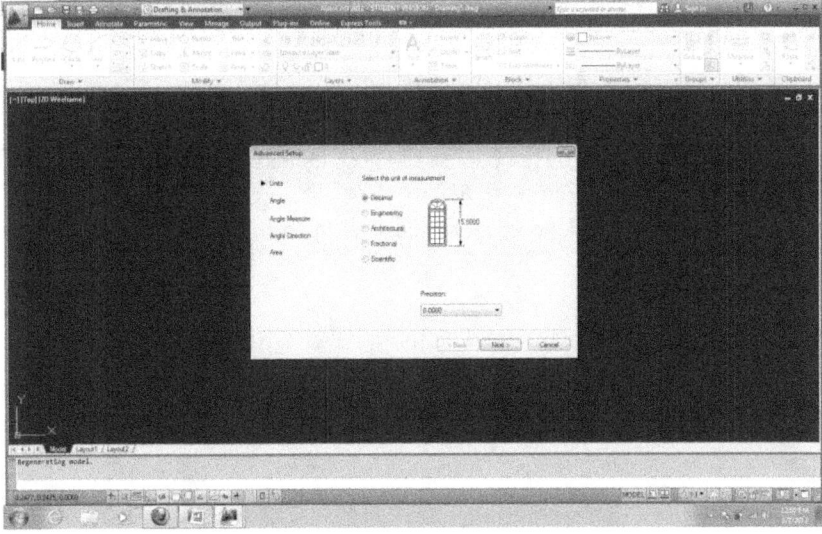

Comenzile AutoCAD pot fi introduse prin una din următoarele patru modalități:

1- Tastarea numelui comenzii, în fereastra de dialog de jos, pe linia <Command:>, urmată de apăsarea tastei [Enter] sau [Space];

2- Selectarea comenzii respective dintr-un meniu derulant prin efectuarea unui clic pe numele comenzii respective;

3- Selectarea comenzii dorite dintr-o bară de instrumente, prin clic pe pictograma comenzii dorite;

4- Tastarea comenzii dorite direct în zona de desenare, în eticheta atașată cursorului (dar numai cu F12 pus pe ON).

Funcțiile tastelor F1-F12

F1 – afișează caseta *Help*;

F2 – afișează/retrage *fereastra de text* cu sintaxa ultimilor comenzi introduse de utilizator;

F3 – comută modurile *Osnap* pe *On/Off*;

F4 – comută comanda *3DOsnap* pe *On/Off*;

F5 – comută comanda *Isoplane* pe: *stânga/sus/dreapta*;

F6 – comută afișarea dinamică a *coordonatelor curente (Dynamic UCS)* pe modurile *On/Off*;

F7 – comandă aplicarea/scoaterea de pe suprafața de desenare a unei rețele de puncte (pune funcția *Grid* pe unul din modurile *On/Off*);

F8 – comută modul de desenare *Ortho* pe unul din modurile *On/Off*;

F9 – comută modul *Snap* pe modurile *On/Off*;

F10 – comută comanda *coordonate polare* pe modurile *On/Off*;

F11 – urmărește și marchează puncte specifice definite prin modurile *OTRACK* (pune *Object Snap Tracking* pe modurile *On/Off*);

F12 – atașează cursorului o etichetă specifică în care apar coordonatele lui în poziția curentă.

Stabilirea unităților și a spațiului de lucru

Începerea unui desen nou, în cazul în care nu se apelează la un șablon (template) presupune executarea unor operații suplimentare, cum ar fi alegerea unităților de măsură, alegerea mărimii formatului în care se va încadra desenul.

Comanda **UNITS** sau **DDUNITS** permite stabilirea unităților de măsură și a convențiilor de măsurare ce vor fi utilizate în desenul respectiv.

Comanda **LIMITS** permite stabilirea limitelor în care se realizează desenul (acesta fiind un dreptunghi precizat prin coordonatele x, y a două colțuri opuse stânga-jos și dreapta-sus), precum și punerea pe *On* sau pe *Off* a funcției de desenare și în afara limitelor stabilite.

Observații: ceea ce se vede pe ecran la un moment dat nu reprezintă neapărat tot spațiul de lucru stabilit inițial. Spațiul afișat poate fi mărit ori micșorat după dorință cu comenzile ZOOM sau PAN. Pentru afișarea în întregime a spațiului de lucru alocat este necesară comanda **ZOOM** cu opțiunea *ALL*.

Introducerea coordonatelor

Majoritatea comenzilor AutoCAD cer specificarea unor puncte în scopul desenării sau editării unor obiecte (linii, cercuri, arce de cerc, etc), cum ar fi de exemplu: *From point*, *Center point*, etc.

Metode de specificare a coordonatelor unui punct: cu ajutorul mouse-ului, prin coordonate absolute sau relative, carteziene ori polare.

Cu ajutorul mouse-ului: se deplasează cursorul în punctul dorit și se apasă butonul stâng la fiecare cerere din dialogul comenzii (apăsarea butonului drept are același efect cu tasta Enter).

Coordonate absolute carteziene: Un punct e definit pe desen prin specificarea coordonatelor sale x și y față de origine, separate prin virgulă.

Coordonate relative carteziene: Se introduc sub forma @ Δx, Δy unde distanțele relative Δx, Δy se măsoară de la punctul anterior definit.

Coordonatele absolute polare: Se indică valoarea distanței r a punctului față de origine și a unghiului $\pm\alpha$ dintre axa Ox și raza polară (r<α). În mod normal unghiul se măsoară în deg, pozitiv-trigonometric.

Coordonatele relative polare: Se dau sub forma (@r<α).

Exemplu: Se utilizează coordonate carteziene absolute și relative, iar apoi relative polare, pentru realizarea unui triunghi echilateral de latură 70, pornind din punctul de coordonate carteziene absolute plane 130,20. Se lansează comanda *Line* din orice meniu, sau bară, ori direct din linia de comenzi (se poate scrie și prescurtat doar comanda L, sau l). Dăm clic spre exemplu pe iconul Line din stânga-sus de sub A. Urmează comenzile:

LINE Specify first point: 130,20 ←⏎

Specify next point or [Undo]: @70,0 ←⏎

Specify next point or [Undo]: @70<120 ←⏎

Specify next point or [Close/Undo]: c ←⏎

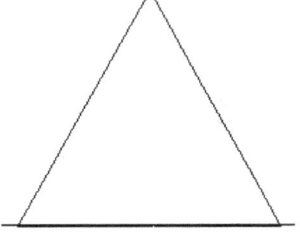

Putem dubla triunghiul prin repetarea comenzilor, a doua oară plecând însă din punctul 100,20:

Command: l ←┘

LINE Specify first point: 130,20 ←┘

Specify next point or [Undo]: @70,0 ←┘

Specify next point or [Undo]: @70<120 ←┘

Specify next point or [Close/Undo]: c ←┘

LINE Specify first point: 100,20 ←┘

Specify next point or [Undo]: @70,0 ←┘

Specify next point or [Undo]: @70<120 ←┘

Specify next point or [Close/Undo]: c ←┘

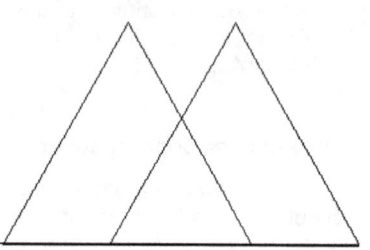

Mereu comanda a treia se dă sub formă de coordonate polare, cu lungimea 70 unități și unghiul 120 [deg], fiind mult mai simplu decât dacă am sta să determinăm mai întâi coordonatele carteziene absolute ori relative ale vârfului triunghiului. La sfârșit închidem conturul direct cu comanda **Close** (abreviată prin C sau c); a se observa că această comandă apare disponibilă abia după ce am trasat minim două linii distincte.

Comanda **ORTHO** forțează trasarea liniilor după direcții ortogonale. Activarea și dezactivarea ei directă se poate face (cel mai simplu) cu tasta [F8].

Aplicații

Să se deseneze obiectul (piesa) de mai jos, cu ajutorul unor comenzi alese corespunzător.

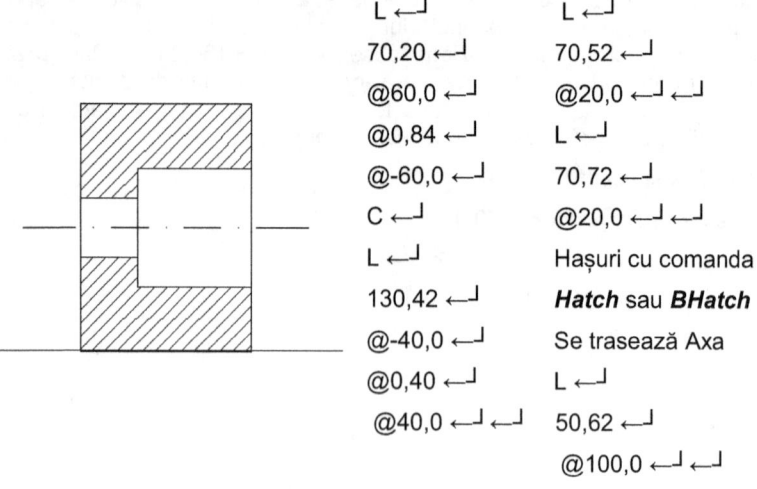

L ←┘	L ←┘
70,20 ←┘	70,52 ←┘
@60,0 ←┘	@20,0 ←┘ ←┘
@0,84 ←┘	L ←┘
@-60,0 ←┘	70,72 ←┘
C ←┘	@20,0 ←┘ ←┘
L ←┘	Hașuri cu comanda
130,42 ←┘	**Hatch** sau **BHatch**
@-40,0 ←┘	Se trasează Axa
@0,40 ←┘	L ←┘
@40,0 ←┘ ←┘	50,62 ←┘
	@100,0 ←┘ ←┘

După ce s-a trasat linia de axă, ca o linie normală, cu ultimele trei comenzi prezentate, ea se modifică în linie de axă, cu comanda **Linetype** care afișează fereastra de dialog următoare (caseta poate fi deschisă și din bara de comenzi din dreapta-sus, DASHDOT, Other...). Înainte de prima utilizare cutia de mai jos este aproape goală; nu trebuie să ne speriem; ea memorează tipurile de linie utile, numai după ce le deschidem și selectăm noi prima dată, încărcându-le dintr-o casetă suplimentară care se deschide după ce dăm clic pe butonul Load...; odată încărcate în caseta de mai jos ele vor rămâne acolo permanent (atâta timp cât nu le ștergem-scoatem). Pentru linia noastră de axă am selectat din caseta de mai jos tipul DASHDOT, apoi am selectat linia cu pricina, și am încheiat comanda prin Enter (←┘ ←┘).

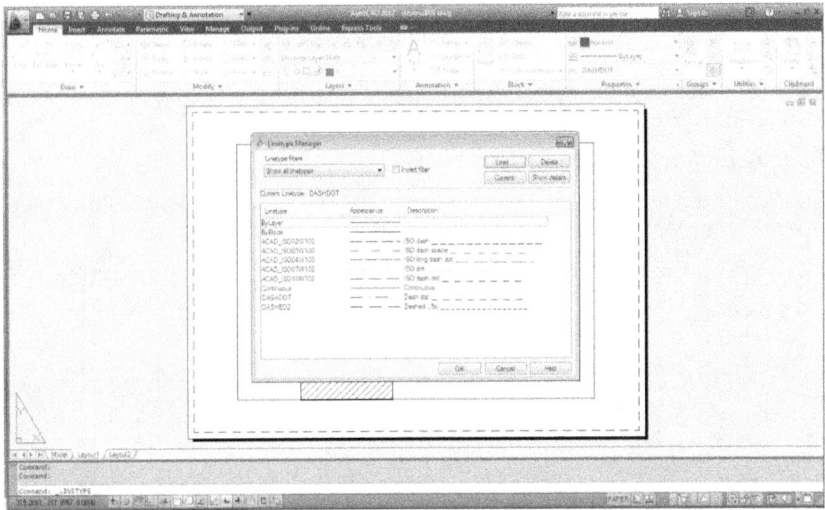

Observație: Liniile de axe (atunci când sunt mai multe) se pot selecta toate, dar și mai elegant pot fi construite pe un strat separat, anume pregătit doar pentru ele (lucrul pe straturi multiple va fi prezentat mai târziu).

Încheierea (închiderea) sesiunii de lucru

Se salvează din nou desenul efectuat, și se alege **Exit** din meniul File. Alternativ, se poate utiliza (tasta) comanda **Quit**. Dacă sunt deschise mai multe desene simultan, comanda **Close**, introdusă de la tastatură, sau selectată din meniurile **File** sau **Window** (la versiunile mai vechi), determină închiderea desenului curent. Pentru închiderea tuturor desenelor deschise, direct (nu rând pe rând), se utilizează comanda **CloseAll** din meniul **Window** (la versiunile mai vechi). În AutoCAD 2012 comanda **Close** selectată din meniul **File** deschide o minifereastră care ne întreabă ce dorim să închidem: **Current Drawing**, sau **All Drawings**.

02. COMENZI DE DESENARE

Comanda Circle (cerc)

Se tastează CIRCLE în linia de comenzi, sau se dă clic pe butonul (pictograma) Circle (stânga-sus). Apare:

Command: _circle Specify center point for circle or [3P/2P/Ttr (tan tan radius)]:

Se cere deci o selecție: trasarea cercului plecând de la centrul său, sau cerc trasat prin 3 ori 2 puncte specificate, sau prin specificarea tangentelor.

Implicit se așteaptă introducerea punctului ce reprezintă centrul cercului. Se tastează spre exemplu coordonatele 130,100 (pentru definirea coordonatelor carteziene absolute ale centrului cercului x,y). Acesta a fost acceptat și se cere imediat introducerea razei cercului [sau diametrul]:

Specify radius of circle or [Diameter]:

Se introduce spre exemplu valoarea (razei cercului) 70, după care se dă Enter. Apare cercul construit prin specificarea centrului și a razei sale:

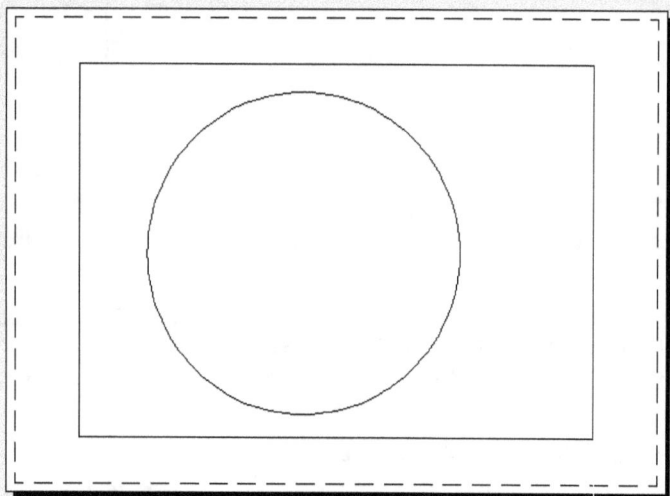

Dacă dorim să introducem diametrul cercului în locul razei, tastăm în linia de comandă **Diameter** ←⎦, după care introducem valoarea diametrului în unități de desen, de exemplu 140 (dacă dorim să apară același cerc).

Dacă dorim construirea cercului prin specificarea a trei puncte de pe el, alegem comanda **3p** ←⎦, urmată de introducerea consecutivă a celor trei puncte cerute pe rând de sistem, prin clic cu mousul sau prin tastarea coordonatelor.

Dacă dorim construirea cercului prin specificarea a două puncte de pe el diametral opuse, alegem comanda **2p** ←⎦, urmată de introducerea consecutivă a celor două puncte diametral opuse cerute pe rând de sistem, prin clic cu mousul sau prin tastarea coordonatelor.

Varianta Ttr (tan tan radius) construiește cercul tangent la două drepte trasate deja prin specificarea lor (a unui punct de pe fiecare din cele două drepte) și a razei cercului.

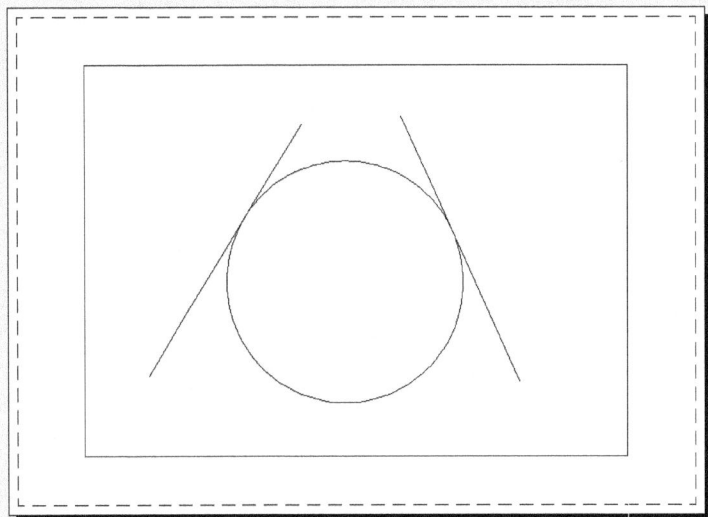

Construirea cercului tangent la trei drepte oarecare. Se trasează cele trei drepte, se alege comanda **Circle**, cu opțiunea ***Tan, Tan, Tan*** (din stânga-sus, apăsând pe triunghiulețul din partea de jos a butonului Circle se derulează un meniu, din care alegem opțiunea cea mai de jos: Tan, Tan, Tan dând clic pe ea) se dă clic succesiv pe fiecare din cele trei drepte și se apasă Enter. Rezultă cercul tangent la cele trei drepte (imaginea de mai jos).

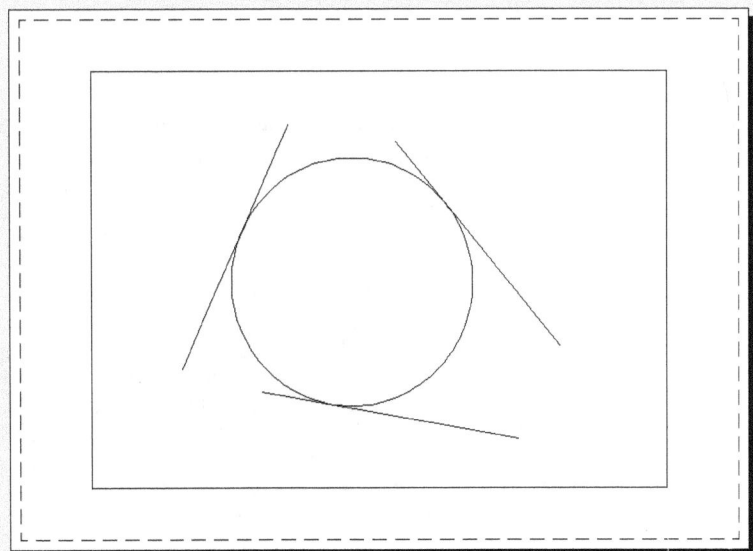

Cu aceeași opțiune se construiește și cercul tangent la laturile unui triunghi (cercul înscris într-un triunghi) sau la alte trei cercuri (pentru un cerc tangent la alte trei cercuri pe interiorul lor, dăm clic pe partea interioară a celor trei cercuri, așa cum se vede în desenul de mai jos din dreapta).

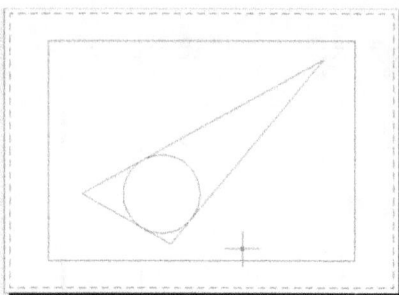
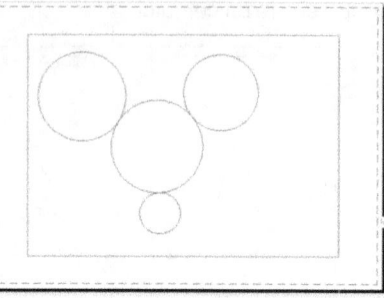

Dacă se dă clic pe partea exterioară a celor trei cercuri, softul va construi un cerc tangent la cele trei cercuri existente dar pe exteriorul lor (vezi figura de mai jos-stânga). Pentru a construi în schimb cercul circumscris unui triunghi vom utiliza opțiunea 3P, și se vor introduce ca puncte de pe cerc tocmai vârfurile triunghiului înscris cercului.

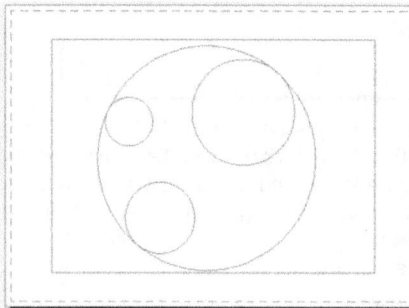
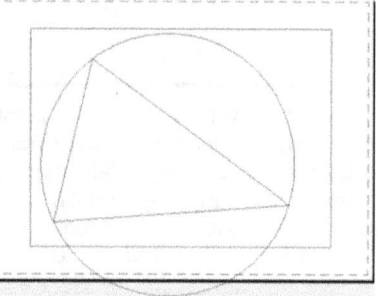

Comanda Arc

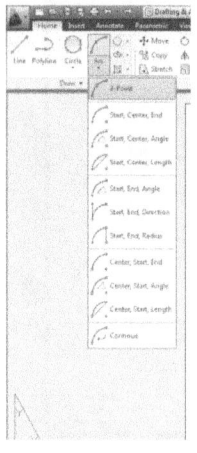

Comanda *Arc* permite desenarea arcelor de cerc. Ea se poate realiza practic prin una din cele 11 opțiuni (metode) care se deschid (oferă) în meniul derulant ce se desfășoară atunci când se apasă triunghiulețul de sub opțiunea Arc situată în stânga-sus a ecranului (comanda poate fi luată și din orice altă parte, cum ar fi de pildă din meniul Draw-Arc, sau scrisă eventual cu taste în linia de comenzi: Arc, sau A). Se pot da punctele de start-centru-sfârșit, sau punctele de start-centru și unghiul la centru, sau punctele de start-centru și lungimea corzii subîntinse, ori punctele de start-final și unghiul la centru, ori start-final și direcția arcului, ori start-final și raza, sau punctele de centru-start-end, sau centru-start și unghiul la centru, sau centru-start și lungimea corzii, sau trasarea arcului în continuarea altei entități (linie sau arc), continue.

Comanda Polyline permite realizarea unor linii poligonale (trasarea unor linii succesive legate între ele). Spre deosebire de comanda Line care permite trasarea numai a liniilor drepte succesive, comanda *Polyline* poate trasa combinat linii drepte sau curbe (arce de cerc).

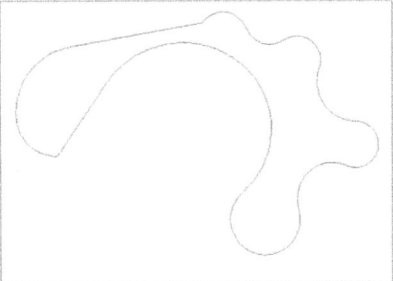

Comanda Line (L) trasează un segment de dreaptă atunci când se indică punctul de început şi cel de sfârşit.

Comanda Xline (xl) trasează o linie dreaptă prin indicarea unui punct al dreptei şi a pantei dreptei respective, sau trasează un mănunchi de drepte ce trec toate prin primul punct indicat şi diferă prin diverse pante.

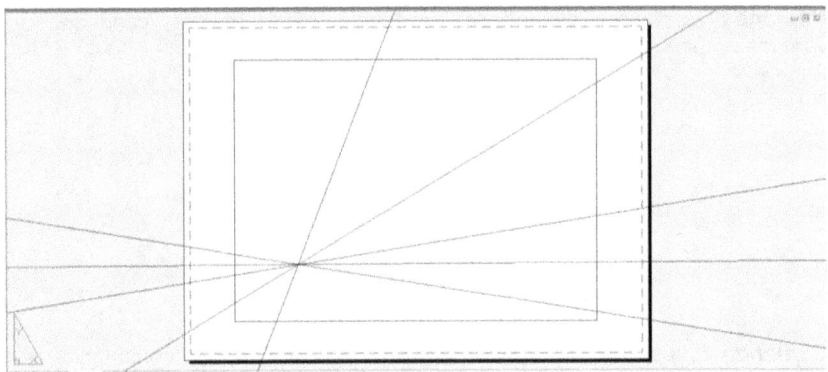

Comanda Ray desenează o semidreaptă prin indicarea punctului ei de început şi a pantei, sau un mănunchi de semidrepte ce pleacă toate din acelaşi punct şi au pante diferite.

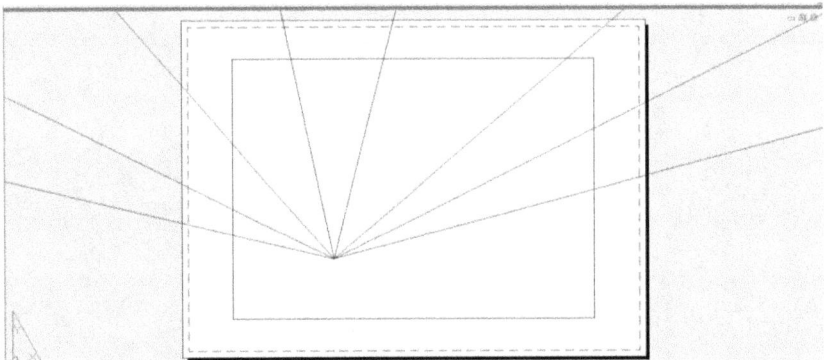

Comanda Mline (ml) trasează două segmente de dreaptă paralele.

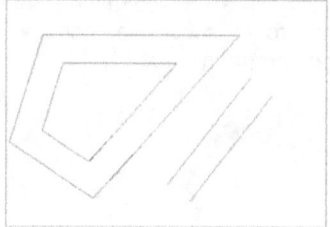

Comanda Pline (pl) desenează polilinii compuse din segmente de dreaptă şi arce de cerc (comanda este similară comenzii *Polyline*).

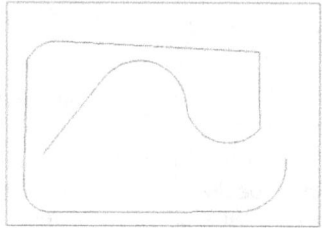

Comanda Rectangle desenează dreptunghiuri sau pătrate, când se dau vârfurile opuse.

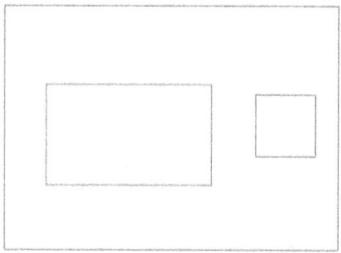

Comanda Ellipse are trei opţiuni; primele două (*Ell*) permit construcţia unei elipse, iar a treia opţiune (*Ell Arc*) poate construi doar un arc de elipsă sau o elipsă întreagă.

Comanda Hatch deschide meniul derulant de mai jos (Hatch, Gradient, Boundary), din care alegem (apăsăm pe) primul buton *Hatch* (hașură) și ...

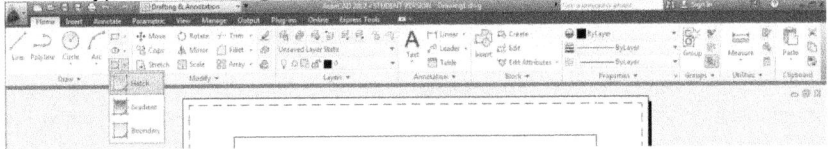

se deschide un nou meniu bară; desenul deja conținea o elipsă introdusă într-un dreptunghi; apăsăm (selectăm sau dăm clic pe) butonul ANSI31, după care punctăm (dăm un clic pe) zona pe care dorim să o hașurăm (oriunde în zona dintre cele două obiecte), și imediat apăsăm <Enter> pentru încheierea procesului; apare hașura așa cum se poate vedea în figura de mai jos.

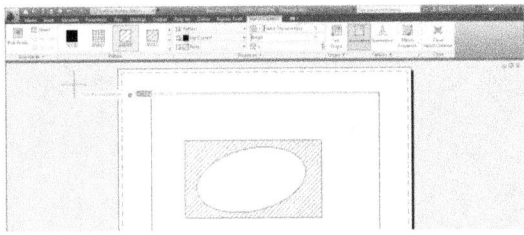

Dacă apăsăm pe triunghiulețul de lângă draw se deschide...

bara de desenare ...

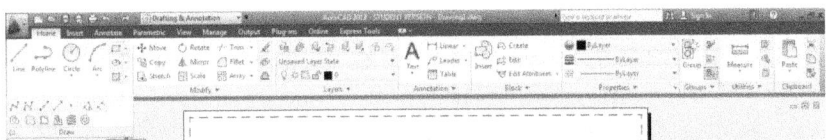

din care alegem funcția de desenare *Spline* (*Spli*), cu care trasăm curbe spline: funcția spline poate aproxima foarte bine și trasa o curbă între trei sau mai multe puncte date.

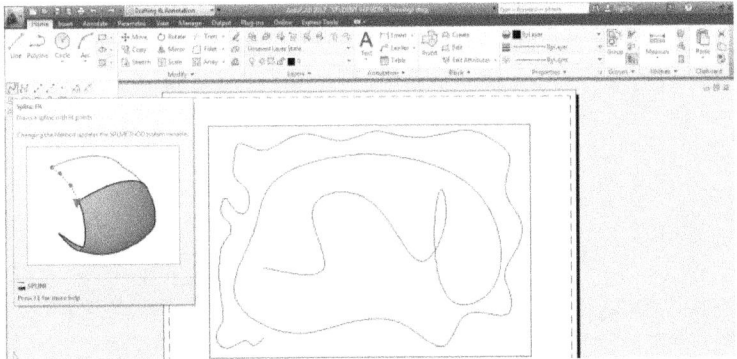

Din pictograma rotiță (situată în partea din dreapta-jos a ecranului) se poate schimba (selecta) modul de afișare pe ecran a AutoCADului.

În continuare vom selecta (comuta pe) *AutoCAD clasic*. Avantajul principal al acestei operații fiind faptul că ecranul va arăta oarecum similar cu ecranele mai vechi (AutoCAD 2006, 2008, etc), cu care sunt familiarizați cei mai mulți utilizatori, și care poate fi utilizat uneori în mod exclusiv în variantele mai vechi (variante instalate-existente deja pe diverse computere).

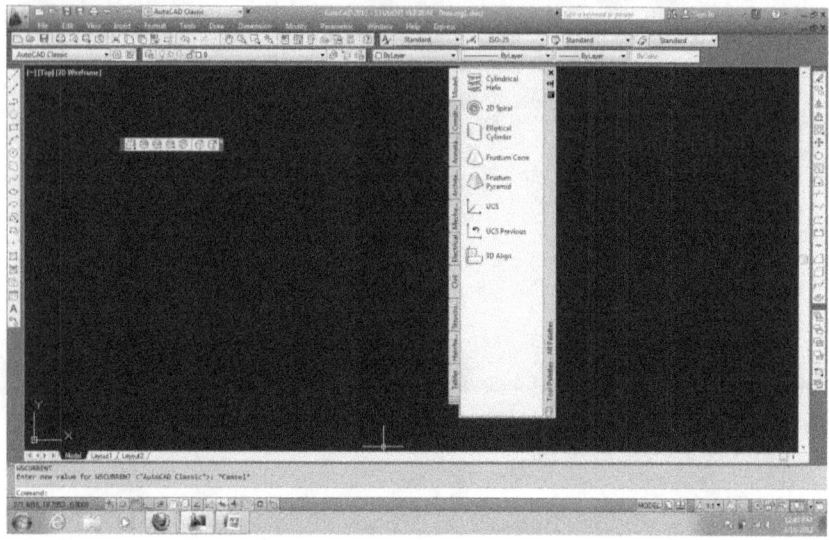

Comanda Revcloud desenează linii gata arcuite astfel încât obiectele desenate cu aceste linii capătă un aspect de nor.

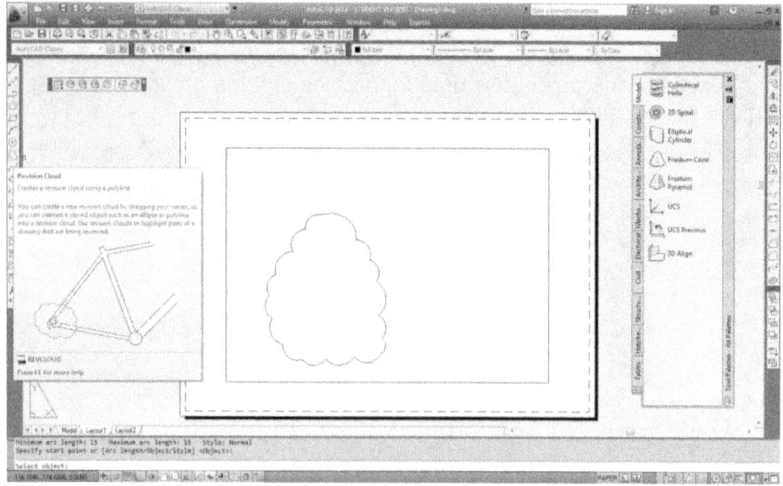

Comanda Donut (*do*) desenează inele (cercuri cu grosime). Se cere pe rând specificarea diametrelor interior și exterior, iar apoi a centrului inelului.

Comanda Solid (so) desenează poligoane pline (dacă variabila de sistem *Fill* este setată pe *ON*)

Comanda Sketch (sk) desenează linii de ruptură (se deplasează cât mai iute cursorul între punctul de început și cel de sfârșit al rupturii, dându-se doar două clicuri unul pe punctul de început și celălalt pe punctul de final al rupturii); dacă se dorește o formă mai specială a rupturii, aceasta poate fi desenată efectiv conducând cursorul între cele două puncte de început și de final încet și dând forma pe care o dorim liniei trasate, deoarece în urma comenzii Sketch cursorul se transformă practic într-un stilou cu peniță cu care putem trasa linia dorită între două clicuri; se poate trasa și semnătura proprie cu acest stilou.

Comanda Point (po) desenează unul sau mai multe puncte succesiv; marcarea punctului pe ecran este controlată de variabila de sistem *Pdmode*.

Comanda Polygon (pol) desenează poligoane regulate în patru pași; se indică succesiv: 1-numărul de laturi, 2-centrul poligonului sau al cercului (Circumscris/Înscris), 3-dacă e poligon înscris (I) în cerc, sau poligon circumscris (C) în cerc, și 4-raza cercului respectiv (Circumscris/Înscris).

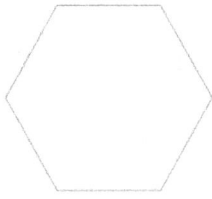

Aplicații:

Exercițiul 1

Să se traseze două orificii (hexagonale) de prindere în piesa următoare (de tip placă); gaura hexagonală de sus să se traseze cu un poligon circumscris într-un cerc de rază 6, iar cea de mai jos să se traseze cu un poligon înscris într-un cerc de rază 6.

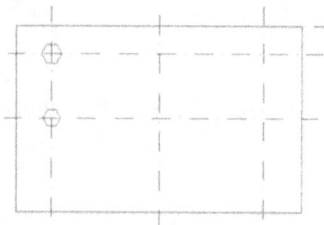

La ambele operații se alege inițial **Polygon Number of sides<4>**: 6 ←⌐

Apoi se fixează centrele respective, după care se selectează la fiecare pas trei odată C (poligon circumscris cercului), iar a doua oară I (poligon înscris cercului), iar la pasul patru se alege raza cercului (înscris/circumscris)= 6.

Exercițiul 2

Să se multiplice gaura hexagonală de cinci ori (să apară șase găuri hexagonale poziționate la distanțe egale).

Se desenează prima gaură hexagonală cu comanda deja prezentată polygon (figura din stânga-jos), după care se alege comanda **Array** (care permite crearea matricelor de obiecte).

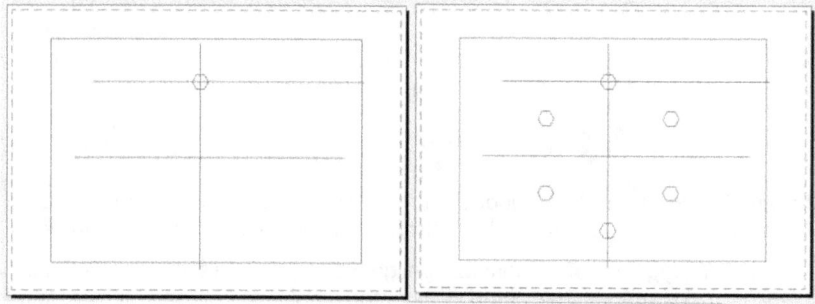

Se cere selectarea obiectului(lor) de multiplicat (**Select objects:**).

Selectăm (indicăm gaura hexagonală) și dăm <Enter>.

Linia de comandă ne cere acum tipul de matrice ce va fi creeată, implicit rectangulară (**Enter array type [Rectangular/Path/Polar] <Rectangular>:**).

Selectăm tipul sau îl tastăm: Polar și <Enter>.

Apare în linia de stare (**Specify center point of array or [Base point/Axis of rotation]:**).

Se punctează cu mouse-ul centrul rotației, ca fiind centrul sistemului de axe trasate.

Apare imediat o altă cerință: (**Enter number of items or [Angle between/Expression] <4>:**). Introducem 6, sau 60 (adică șase obiecte cu tot cu cel copiat, dispuse la distanțe egale, sau unghiul dintre ele 360/6=60).

Ni se cere acum să specificăm unghiul total al matricei (implicit 360); se poate construi matricea și pentru un unghi mai mic: 180, 120, 90, etc (**Specify the angle to fill (+=ccw, -=cw) or [EXpression] <360>:**). Scriem 360, și dăm Enter, sau dăm doar Enter.

Apare deja construcția dorită cu ultima apelare în linia de comenzi: (**Press Enter to accept or [Associative/Base point/Items/Angle between/Fill angle/ROWs/Levels/ROTate items/eXit]<eXit>:**). Dăm iar Enter.

       Selectarea obiectelor se poate face prin clic pe ele, sau prin clic stânga și ținând apăsat butonul stâng plimbăm mouse-ul până când dreptunghiul format cuprinde toată zona ce trebuie selectată, moment în care eliberăm butonul stâng al mousului.

       Ștergerea obiectelor se poate face prin selectarea lor urmată de apăsarea tastei **Delete**, sau cu comanda **Erase**.

       Modul ortogonal permite desenarea entităților de tip linie, polilinie, doar pe direcțiile axelor de coordonate curente. **Activarea/dezactivarea** se face cu tasta **F8**, sau butonul/comanda **Ortho**. Același efect îl are trasarea unei linii verticale, sau orizontale cu tasta **Shift** ținută **apăsată**.

       Modul GRID introduce o rețea de linii ajutătoare egal distanțate. **Activare/dezactivare** cu tasta **F7**/butonul specific/comandă.

       Modul Snap introduce o rețea de puncte magnetice invizibile (cuantice) care pot obliga cursorul să se așeze pe aceste puncte (salturile, și poziționările nu se mai pot face oriunde și oricum, ci numai pe punctele respective). **Activare/dezactivare** prin tasta **F9**/buton-comandă.

       Modurile Osnap permit salturile orientate pe obiecte, rapid și corect.

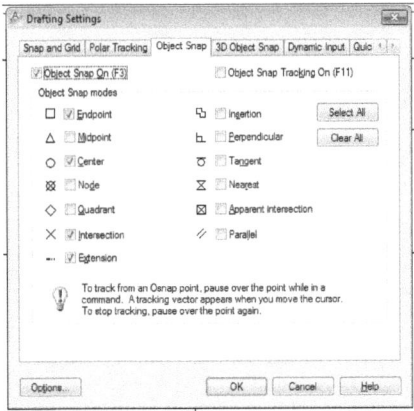

Comanda **Osnap** deschide o fereastră cu 13 opțiuni (moduri) osnap, din care putem selecta atâtea câte dorim (chiar toate, sau nici unul).

Endpoint, permite selectarea capătului unei entități de tip linie, arc, polilinie.

Midpoint, permite selectarea mijlocului unei entități de tip linie, arc, polilinie.

Center, permite selectarea centrului unei entități curbe.

Node, permite poziţionarea pe o entitate de tip punct. Pentru a uşura identificarea punctelor (când acestea sunt utilizate la marcaje prin comenzile *DIVIDE* sau *MEASURE*) este necesară schimbarea formei de reprezentare a punctelor prin comanda *POINT STYLE*.

Quadrant, permite saltul pe unul din quadranţii unui cerc, elipsă, sau arce de cerc ori de elipsă.

Intersection, permite selectarea unui punct de intersecţie a două entităţi.

Extension, permite alungirea temporară a unei linii la trecerea cursorului pe lângă capătul ei.

Insertion, permite selectarea punctului de inserare al unui bloc sau text, pentru amplasarea sa într-un anumit loc.

Perpendicular, determină trasarea unui segment perpendicular dintr-un punct exterior pe o entitate.

Tangent, determină saltul la un punct de tangenţă de pe un arc (de cerc sau de elipsă), cerc, elipsă.

Nearest, selectează punctul cel mai apropiat de pe entitatea aflată în apropierea cursorului grafic.

Apparent intersection, produce un salt la un punct de pe ecran de aparentă intersecţie dintre două obiecte (entităţi), care de fapt în realitate nu se intersectează fizic în spaţiul tridimensional.

Parallel, determină trasarea unui segment paralel cu o altă dreaptă (alt segment).

03-05. COMENZI DE EDITARE

În general bara care conține comenzile de editare (Modify) se situează în partea dreaptă a ecranului, spre deosebire de bara de desenare care e poziționată în stânga lui. Ele pot fi găsite și în meniul derulant Modify.

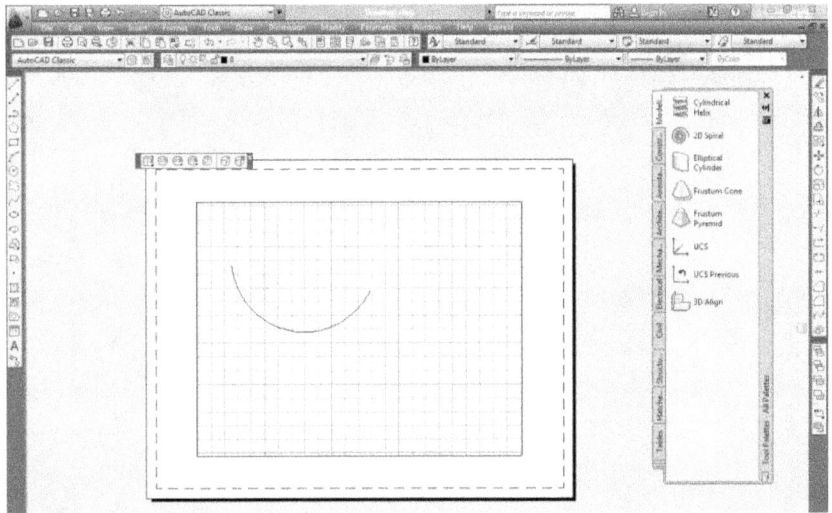

Primul buton din bara de editare este butonul **Erase**. Cu această comandă se șterg obiectele selectate. La fel de simplu însă se pot șterge obiectele selectate prin apăsarea tastei **DELete**.

Al doilea buton activează comanda **COpy**, cu care se poate copia și reproduce sau multiplica o zonă selectată, conținând unul sau mai multe obiecte. Copierea direct în memoria tampon prin comanda copy este o funcție (comandă) general întâlnită. Reducerea copiei din memoria tampon pe desen de ori câte ori vrem (multiplicarea) se face cu comanda **PAste**. Obiectul copie poate fi introdus în orice poziție ne dorim.

Urmează comanda de editare **MIrror** (oglindă), cu ajutorul căreia se creează un simetric în oglindă al unui desen deja conceput (vezi figura de mai jos: se desenează doar jumătatea superioară a paletei de pinpong, se selectează și se dă comanda Mirror care desenează simetricul în oglindă completând și jumătatea inferioară a paletei).

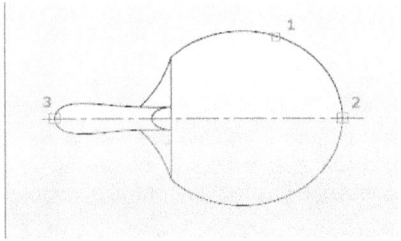

⌂ Continuăm cu comanda **Offset**, care permite construcţia de cercuri concentrice, de linii sau arce paralele, la distanţe alese.

Se apasă butonul Offset, se indică distanţa dintre sursă şi copie, se selectează obiectul în cauză (dacă nu a fost deja selectat înainte de a activa comanda Offset), se indică zona (partea) înspre care se execută funcţia, şi copia distanţată apare instantaneu, după care suntem întrebaţi dacă dorim să continuăm sau <Enter> pentru oprire. Se continuă numărul de Offseturi, până când se trasează toate paralelele necesare, după care se opreşte procesul.

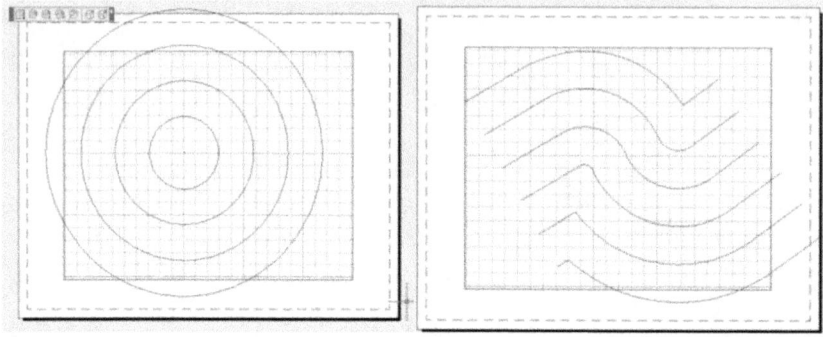

⊞ Comanda **ARray**, construieşte dintr-un obiect selectat o matrice de astfel de obiecte. Implicit matricea este rectangulară (poza din stânga-jos). Se poate însă selecta o matrice polară **ARrayPolar** (poza din dreapta-jos).

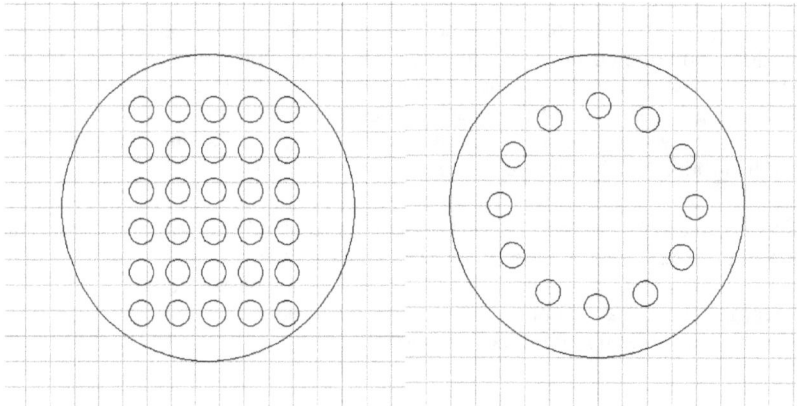

✛ Comanda **Move**, mută un obiect prin indicarea punctului de origine al vectorului de translaţie (de obicei centrul obiectului în poziţia iniţială), şi a vârfului vectorului de translaţie (de regulă centrul obiectului în poziţia finală).

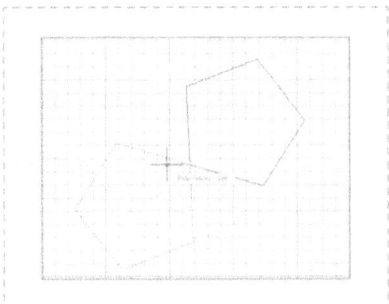 Comanda **ROtate**, permite rotirea unui obiect în jurul unui punct de bază indicat (care devine centru de rotaţie), cu un unghi ales.

Reference permite rotirea faţă de un unghi de referinţă.

COpy permite păstrarea şi a obiectului sursă în desenul rezultat (se roteşte copia şi nu obiectul; în figura de mai jos s-au executat două rotaţii succesive, ambele cu opţiunea Copy).

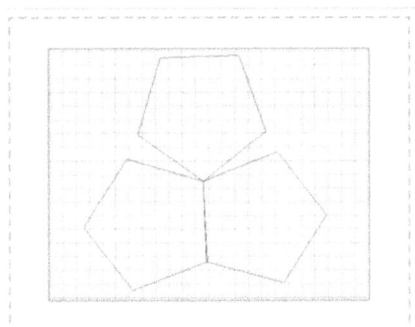

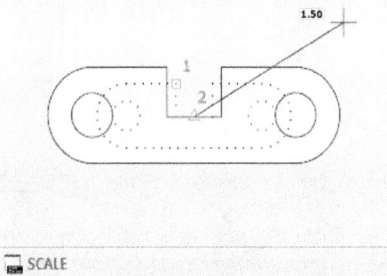 Comanda **SCale**, redimensionează obiectul selectat (mărire sau micşorare) cu păstrarea proporţiilor, păstrând fix un punct de bază indicat de utilizator; se mai indică bineînţeles şi factorul de scalare.

COpy permite păstrarea şi a obiectului sursă în desenul rezultat (se scalează copia şi nu obiectul iniţial).

Reference permite scalarea în raport cu o dimensiune de referinţă.

Scale

Enlarges or reduces selected objects, keeping the proportions of the object the same after scaling

To scale an object, specify a base point and a scale factor. The base point acts as the center of the scaling operation and remains stationary. A scale factor greater than 1 enlarges the object. A scale factor between 0 and 1 shrinks the object.

Comanda **Stretch**, permite deformarea unui obiect, păstrând legăturile dintre părțile componente. Se cer originea vectorului de deformare, și vârful lui.

Selecția se face printr-o fereastră de tip Crossing sau Windows.

Sunt deplasate capetele elementelor selectate. Deformarea se poate realiza doar în anumite condiții și numai asupra unor elemente.

La cele mai multe obiecte sau grupuri în loc de deformare se produce doar o **deplasare**, comanda devenind astfel (în cele mai multe situații) similară cu **Move**.

Comanda **TRim**, retează (taie) porțiuni ale obiectelor selectate.

Opțiunile comenzii sunt:

- **Select cutting edges, select objects** – se selectează una sau mai multe entități față de care vor fi tăiate alte entități (se selectează granițele de tăiere);

- **Select object to trim** – se selectează entitățile ce vor fi retezate;

- **Fence** – permite selectarea entităților intersectate cu ajutorul unor segmente de dreaptă;

- **Crossing** – permite deschiderea unei ferestre desenate cu linie întreruptă care selectează diverse entități prin intersecția lor cu muchiile ferestrei;

- **Project** – specifică modul de acțiune a comenzii, atunci când entitatea selectată intersectează muchia tăietoare;

- **Edge** – controlează modul de tăiere al obiectului, atunci când acesta nu intersectează muchia tăietoare;

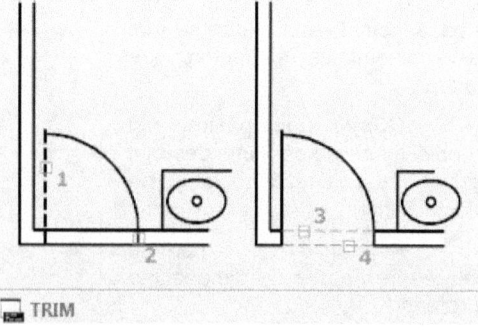

- *Extend* – taie entitățile până la intersecția fictivă cu prelungirea muchiei tăietoare;
- *No extend* – obligă entitățile ce trebuiesc retezate să intersecteze muchia tăietoare (altfel nu sunt scurtate);
- *Erase* – permite ștergerea unor obiecte, fără a părăsi comanda Trim;
- *Undo* – anulează ultima selecție (Undo este o comandă generală).

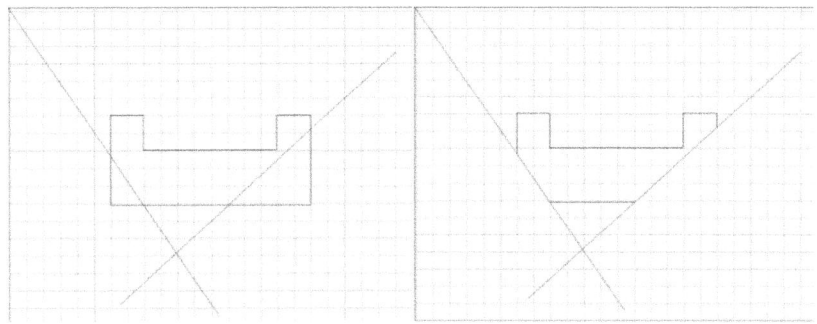

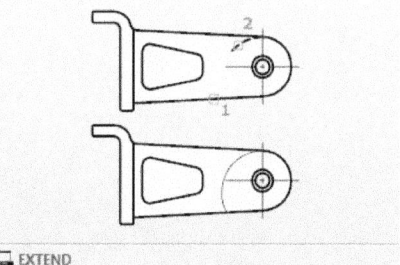

Comanda **EXtend**, extinde entități până la alte entități. Entitățile care pot fi extinse sunt în general deschise (linii, arce, polilinii deschise, etc).

Opțiunile comenzii **EXtend** sunt:

Extend
Extends objects to meet the edges of other objects

To extend objects, first select the boundaries. Then press Enter and select the objects that you want to extend. To use all objects as boundaries, press Enter at the first Select Objects prompt.

- Select boundary edges, select objects – se selectează una sau mai multe entități care reprezintă granițele până la care vor fi extinse alte entități;

EXTEND

- Select object to extend – se selectează entitățile care vor fi extinse.

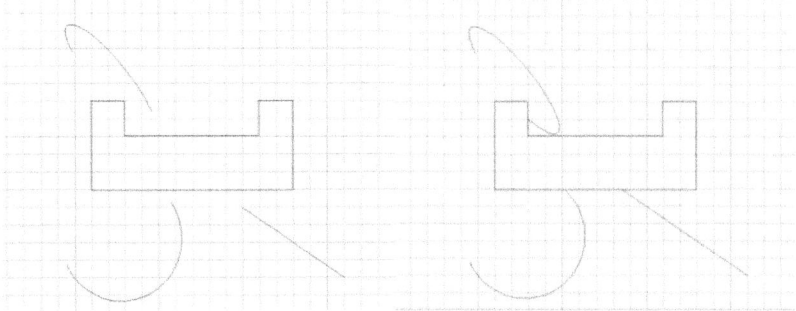

În exemplul de mai sus s-a selectat mai întâi obiectul central ca entitate până la care să aibă loc extinderea; s-a dat apoi Enter, după care s-au selectat pe rând cele trei linii de extins (nu contează ordinea); imediat ce un obiect de extins (entitate extensibilă) este selectat el se lungeşte instantaneu până atinge obiectul graniţă (limită); după ce le-am atins (selectat) pe toate trei (pe rând), tastăm Enter pentru încheierea procesului.

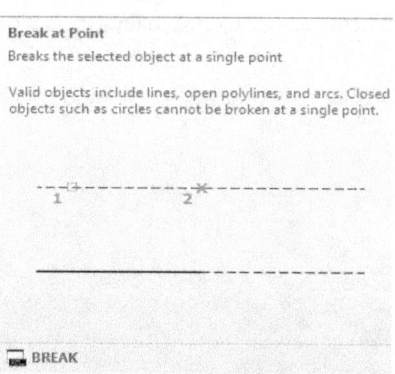

Comanda **BReak at Point**, e valabilă numai pentru curbe deschise (linii drepte sau curbe, deschise; obiectele închise nu pot fi rupte printr-un singur punct, ci doar prin două puncte). La pasul unu ni se cere selectarea obiectului ce trebuie rupt. În momentul când punctăm obiectul (în exemplul de mai jos linia oblică) pentru a-l selecta, automat am definit şi punctul de la care se va produce ruptura. Aceasta va merge către unul din cele două capete, către care punctăm obiectul (linia) a doua oară (se aprinde şi un pătrăţel verde la capătul care va dispărea, pentru ca să ştim clar ce parte dispare şi care rămâne).

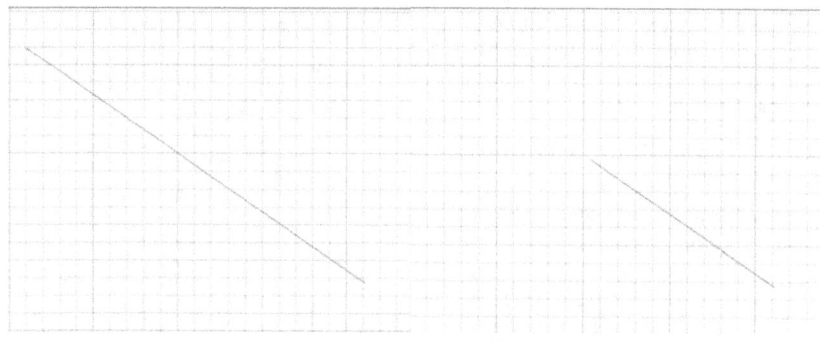

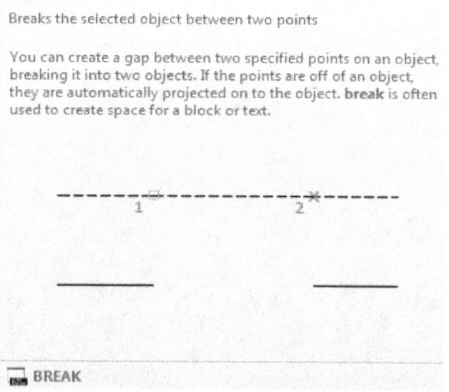

BReak, reprezintă comanda reală de rupere, cu care putem rupe nu doar o parte dintr-o linie de la un punct la unul din capetele ei ci şi o bucată internă a liniei, obţinând astfel două segmente separate (mai mici) din segmentul sau dreapta iniţială. Mai mult chiar, se pot rupe şi părţi din obiecte închise.

Se dă clic pe pictograma **BReak**. La pasul unu când ni se cere selectarea obiectului, vom da clic pe primul punct de rupere şi tastăm imediat Enter. Ni se cere apoi **Specify second break point or [First point]:**. Dacă tastăm Enter (ceea ce ar fi echivalent cu introducerea comenzii **f**[irst point]), alegem ca ruperea să se facă doar într-un punct (asemenea comenzii Break at Point, anterior prezentată), sau mai exact de la el (de la punctul indicat) la capătul semnalat de pătrăţelul roşu. Dacă tastăm [**2**] urmat de Enter (ţinând mousul pe punctul al doilea de rupere) se şi rupe o bucată din linie situată între cele două puncte indicate. Observaţie: dacă ruperea nu se face exact până la punctul doi indicat (dorit), vom introduce un pas suplimentar de tipul unu.

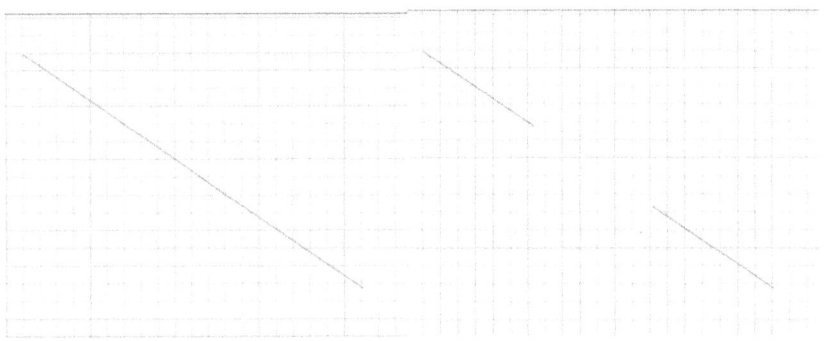

Comanda **BReak** funcţionează şi la obiectele bloc (şi la curbele închise).

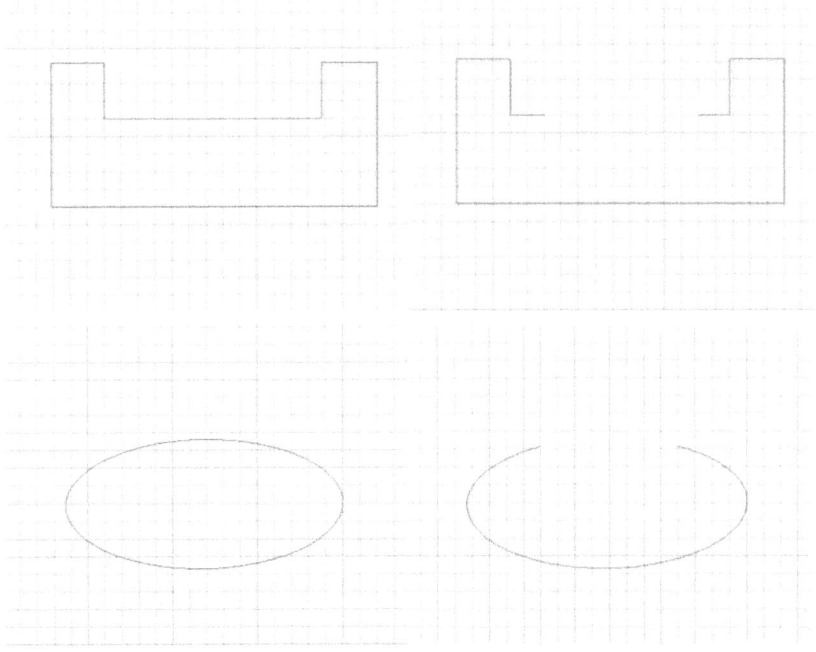

Comanda *Join*, reuneşte (lipeşte) două obiecte de acelaşi fel într-unul singur. Nu are putere decât la un număr limitat de drepte, sau arce de cerc, şi doar dacă acestea sunt poziţionate convenabil.

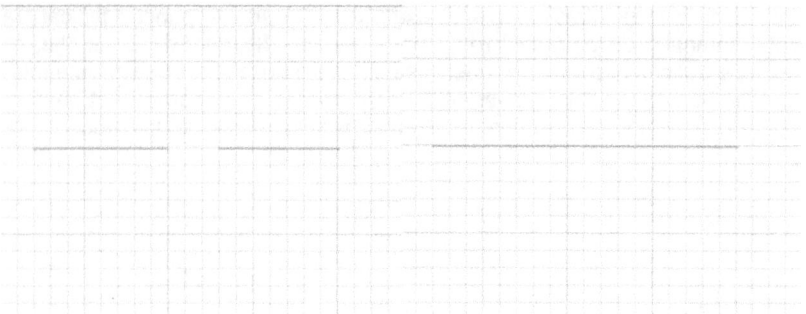

Pentru unul sau mai multe obiecte diferite (complexe şi eventual aşezate oricum) se utilizează comanda generală (*GROup*).

Comanda *GROup*, (situată de obicei în meniul derulant *Tools*) poate cupla între ele două sau mai multe obiecte (entităţi), indiferent de poziţia, starea, sau forma lor. După grupare ele se vor edita împreună ca şi cum ar fi un singur obiect (deşi sistemul ştie în permanenţă că este vorba de un obiect multiplu). Se pot face mai multe grupuri, astfel încât uneori e bine să se atribuie fiecărui grup câte o denumire.

Exemplu de utilizare: Avem în figura de mai jos câteva entităţi diferite. Putem să le cuplăm pe toate într-un singur grup, sau numai câteva; putem forma cu ele şi mai multe grupuri, astfel: Dăm comanda *GROup* în linia de comenzi, sau clic pe pictograma *GROup* din meniul derulant Tools, sau din bara Tools. Ne

apare în linia de stare (*Command: _group Select objects or [Name/Description]:*). Acum selectăm pe rând cu mousul toate obiectele (entităţile) ce vor fi reunite în grupul respectiv (în exemplul de mai jos s-au selectat toate cercurile concentrice, dreptunghiul din interiorul lor şi polilinia ce taie obiectele, formată din linii drepte şi arce de cerc). Nu dăm încă Enter până nu selectăm şi opţiunea Name, scriind efectiv în bara de stare: name. Acum dăm Enter.

Grupul a fost deja creeat fără nume şi aşteaptă o denumire; în bara de comenzi distingem: (*Enter a group name or [?]:*). Tastăm imediat numele: *gr001*, şi dăm Enter. Abia acum grupul a fost salvat sub denumirea GR001. Repetăm procedura cu poligonul cu cinci laturi pe care-l unim (grupăm) cu elipsa de sub el în grupul GR002.

Putem în continuare să lucrăm cu cele două grupuri ca şi cum ar fi fiecare din ele o entitate aparte.

Să dăm spre exemplu grupului Gr001 o rotaţie. Stabilim un punct al grupului ca fiind centrul rotaţiei şi o executăm cu un anumit unghiu. Grupul gr001 se roteşte peste GR002 ca în figura de mai jos.

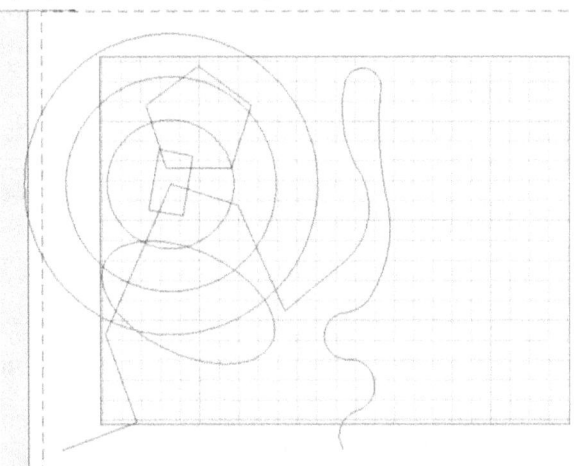

Putem de exemplu să scalăm grupul gR002 micşorându-l, ca în figura de mai jos.

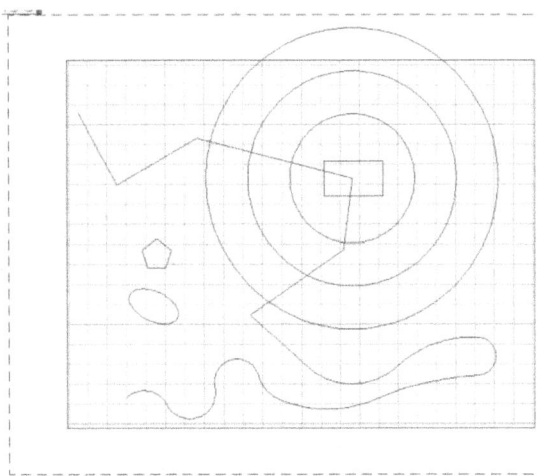

Cele mai multe operaţii (comenzi) rămân aplicabile grupurilor.

Denumirea unui grup e bine să nu depăşească 31 caractere (unele sisteme moderne acceptă şi mai multe caractere). Acestea pot include litere, numere, caractere speciale ($, %, &), liniuţele (-, _).

Nu se pot folosi blancurile şi diverse alte comenzi. Literele pot fi introduse oricum, însă sistemul le converteşte automat în MAJUSCULE.

Dacă un grup e selectabil, el poate fi selectat doar prin selectarea unui singur obiect aparţinând grupului. Obiectele de pe straturile îngheţate sau închise nu pot fi selectate, deci nici grupurile din care ele fac parte.

Într-un grup pot fi adăugate noi obiecte (Adds objects to a group); nu se specifică o limită anume, numărul admis fiind extrem de mare în raport cu nevoile unui utilizator.

Cum pot fi adăugate, la fel obiectele pot fi şi retrase din cadrul unui grup (Removes objects from a group). Chiar dacă se extrag toate obiectele dintr-un grup, el rămâne definit atâta timp cât nu s-a folosit comanda **UNGroup**, pentru desfiinţarea lui, sau opţiunea **EXPLOde**.

Comanda **EXPLOde** (**Xplode**) desfiinţează (teoretic) imediat orice fel de grup existent. Ea poate însă (în mod nedorit) să rupă şi unele obiecte (entităţi) ale grupului în mai multe părţi componente (necesitând apoi o muncă de regrupare a acestora); Dacă nu ar fi vorba de un grup de entităţi ci de un obiect, comanda **E(X)PLOde** are ca efect ruperea obiectului în liniile componente (un dreptunghi trasat direct se va rupe în cele patru laturi componente, o polilinie se va separa în linii drepte şi arce, etc); o elipsă rămâne însă întreagă. Pe de altă parte, comanda EXPLOde poate da rateuri, nedesfiinţând efectiv grupul respectiv, sau chiar lăsând unele obiecte legate (grupate), iar altele fărâmiţându-le suplimentar. Se recomandă pentru desfiinţarea directă şi sigură a unui grup utilizarea comenzii UNGroup.

Comanda **UNGroup** (meniul Tools) desfiinţează imediat (dintr-un singur pas) doar un grup existent care nu conţine mai mult de două entităţi.

Altfel comanda ne comunică faptul că grupul conţine mai mult de două entităţi şi ne cere permisiunea de a-l exploda; dăm mereu enter şi-l desfiinţează, dar şi prin utilizarea comenzii EXPLOde ca pe o opţiune internă.

Comanda **CHAmfer**, retează (teşeşte) colţurile la obiectele care le au (evident nu se pot reteza colţuri la elipse sau cercuri, pentru simplul fapt că nu există). Se dă comanda. Se alege o muchie (latură) prin selecţie cu clic pe ea şi se tastează în linia de comandă opţiunea distance, după care se dă primul <Enter>. Apare textul cerinţă: (**Specify first chamfer distance <0>:**). Introducem de la tastatură spre exemplu **2** (unităţi) şi tastăm imediat <Enter>. Apare o nouă cerinţă: (**Specify second chamfer distance <2>:**). Tastăm spre exemplu 1 (unitate) şi tastăm imediat <Enter>. Noua cerinţă este (**Select second line** or shift-select to apply corner or [Distance/Angle/Method]:). Tot ce mai avem de făcut este să dăm clic cu mouse-ul pe a doua linie (muchie), pentru a o selecta şi teşirea (retezarea) se face instantaneu (vezi figura de mai jos).

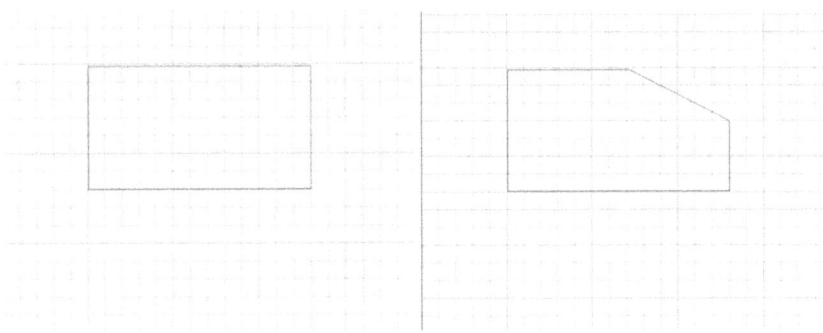

Opţiunile comenzii sunt:

First line – specifică prima latură care urmează să fie teşită;

Second line – specifică a doua latură ce trebuie teşită;

Polyline – teşeşte toate colţurile poliliniei selectate;

Distance – distanţele de teşire;

Angle – stabileşte o lungime (length) şi un unghi de teşire;

Trim – controlează dacă se şterg sau nu colţurile după teşire;

mEthod – controlează metoda de definire a teşiturii – prin două distanţe sau printr-o distanţă şi un unghi;

Multiple – permite mai multe operaţii de teşire, în aceeaşi comandă;

Undo – anulează, în interiorul comenzii, ultima operaţie.

Observaţie: Valorile implicite pentru distanţele şi unghiul de teşire rămân valabile (rămân memorate) aşa cum au fost fixate în ultima comandă CHAmfer utilizată.

Comanda **Fillet**, rotunjeşte colţurile unui obiect (practic ea construieşte un arc de racordare de rază specificată, între două linii, două arce de cerc, etc; capetele vechilor entităţi sunt ajustate corespunzător). Se porneşte comanda, şi se selectează prima latură, se tastează opţiunea Radius (rază) urmată de <Enter>, se dă mărimea razei (de exemplu 1, tot cu Enter), se selectează şi a doua latură cu clic pe ea după care rotunjirea se realizează instantaneu (figura de mai jos).

Opţiunile comenzii sunt:

First line – specifică prima latură care urmează să fie racordată;

Second line – specifică a doua latură ce va fi racordată;

Polyline – rotunjeşte toate colţurile poliliniei selectate;

Radius – stabileşte raza de racordare;

Trim – verifică dacă se şterg sau nu colţurile după racordare;

Multiple – permite mai multe operaţii de racordare, în cadrul aceleiaşi comenzi;

Undo – anulează chiar în interiorul comenzii ultima operaţie.

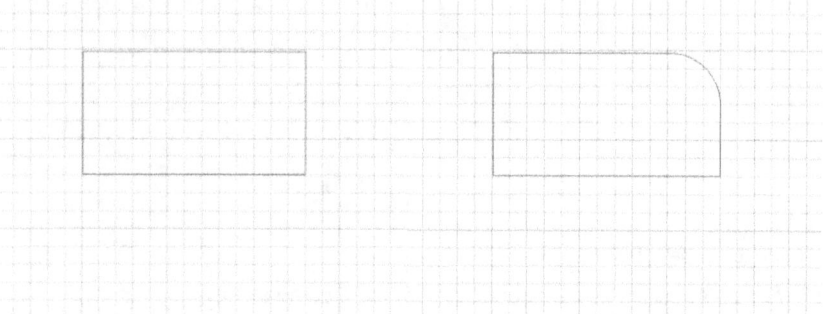

Observaţie: Valoarea implicită pentru raza de racordare rămâne valabilă aşa cum a fost fixată în ultima comandă **Fillet**.

Comanda **BLend [Curves]**, crează o curbă spline de legătură între alte două curbe (linii) deschise existente, unindu-le. Este o comandă oarecum similară cu Join (din familia Group), simplu de aplicat. Se apasă comanda, se dă clic succesiv pe prima, apoi pe a doua curbă, după care unirea lor se realizează instantaneu. Unirea fiecăreia dintre ele se face de la capătul către care s-a dat clicul. În exemplul de mai jos (figura din stânga-sus) s-a dat clic pe curba de sus către capătul ei drept şi pe cea de jos către capătul ei drept şi a rezultat figura de la mijloc sus. Dacă se dă clic pe curba de sus tot în dreapta şi pe curba de jos în stânga rezultă desenul din dreapta-sus.

Dacă pe curba de sus dăm clicul în stânga, iar pe cea de jos dăm clic întâi în dreapta, iar apoi în stânga, rezultă figurile de mai sus, desenele din rândul al doilea de sus în jos, stânga şi respectiv mijloc.

Ultima figură din desenele de mai sus (cea din dreapta-jos), reprezintă varianta când se dă clic pe aceiaşi curbă şi în dreapta şi în stânga, unindu-se fiecare curbă cu ea însăşi.

Cu comanda **BLend** se poate construi şi o elipsă dintr-un arc de elipsă, sau un cerc dintr-un arc de cerc.

Comenzi de poziţionare:

Cu comanda **Bring to Front**, se forţează obiectul(ele) selectat(e) să treacă în faţa tuturor celorlalte obiecte.

Comanda **Send to Back**, afişează obiectul(ele) selectat(e) în spatele tuturor celorlalte obiecte.

Comanda **Bring Above Objects**, forţează obiectul(ele) selectat(e) să treacă în faţa (deasupra) unui obiect (unor obiecte) de referinţă specificate.

Comanda **Send Under Objects**, forţează obiectul(ele) selectat(e) să treacă în spatele (dedesuptul) unui obiect (unor obiecte) de referinţă specificate.

Comanda **Bring Text objects to Front**, forţează obiectele text să treacă în faţa tuturor celorlalte obiecte.

Comanda **Send Hatch to Back**, forţează toate haşurile să fie afişate în spatele tuturor celorlalte obiecte.

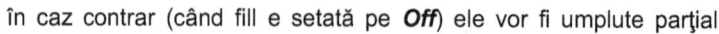

Comanda **LENgthen**, modifică lungimea unui obiect sau unghiul unui arc.

Opţiunile comenzii sunt:

DElta – modifică lungimea cu diferenţa de la capătul cel mai apropiat, la un punct selectat;

Percent – modifică lungimea procentual; se indică procentul cu care va creşte;

Total – se specifică lungimea totală, după modificare;

Dynamic – modifică lungimea prin tragere.

Comanda **PEdit**, editează polilinii 2d, 3d, sau reţele 3dmesh.

Comanda **SPlinEdit**, editează un obiect spline.

Comanda **DIVide**, împarte obiectul selectat într-un număr ales de părţi egale, plasând nişte marcatori în punctele de divizare.

Comanda **MEasure**, este similară cu DIVide, cerând în locul numărului de segmente de divizare lungimea acestora.

Comanda **CHange [Properties]**, modifică proprietăţi ale obiectelor:

Color – modifică culoarea;

LAyer – modifică stratul;

L[ine]Type – modifică tipul de linie;

Thickness – modifică grosimea;

Elevation – modifică elevaţia;

LWeight – modifică grosimea liniei;

Change point – modifică forma şi poziţia obiectului, în raport cu un punct ales P.

Comanda **COLor**, stabileşte culoarea obiectelor ce urmează a fi desenate.

Comanda **FILL**, controlează modul de umplere a entităţilor ce urmează a fi desenate şi care au o grosime (e vorba de inelele Donut, Polyline, Solid).

Dacă funcţia e setată pe **On** entităţile respective vor fi desenate pline:

în caz contrar (când fill e setată pe **Off**) ele vor fi umplute parţial:

Comanda *Linetype*, defineşte tipurile de linie pentru obiectele ce urmează a fi desenate:

? – listează tipurile de linie disponibile;

*C*reate – creează un nou tip de linie;

*L*oad – încarcă în memorie un nou tip de linie;

Current (sau Set) – alege linia ce va deveni activă;

BYBLOCK – stabileşte tipul de linie ca aparţinând blocului;

BYLAYER – stabileşte tipul de linie ca fiind cel al stratului.

06-08. COTAREA

Cotarea este operaţia de determinare şi înscriere a valorilor numerice pentru dimensiunile care definesc complet obiectul (entitatea) reprezentat(ă) într-un desen tehnic. Cu excepţia cazurilor în care sunt precizate într-o documentaţie conexă, toate informaţiile dimensionale, necesare pentru definirea clară şi completă a unui obiect sau a unui element caracteristic, trebuie înscrise direct pe desen.

Regulile şi convenţiile generale de executare grafică a cotării în desenele tehnice din toate domeniile (mecanic, electric, construcţii, arhitectură, etc.) sunt stabilite prin norme internaţionale, respectiv prin standardul românesc aliniat la acestea.

În AutoCAD cotarea este un proces complex, cu multe elemente componente şi pe mai multe etape ce trebuie riguros respectate. Utilizatorul trebuie să aleagă din multitudinea opţiunilor oferite de program, pentru a-şi defini un stil personal de cotare, care să respecte normele domeniului din care face parte desenul respectiv.

Principalele elemente de cotare sunt (vezi figura de mai jos): liniile ajutătoare, liniile de cotă, extremităţile liniilor de cotă, liniile de indicaţie, şi valorile numerice ale cotelor.

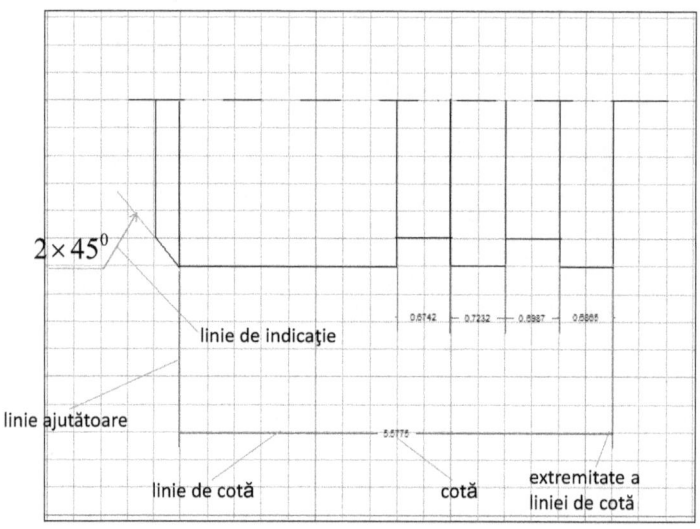

Observaţii: Aceste elemente formează o singură entitate numită „cotă", dar pot fi privite şi ca entităţi individuale, fiecare în parte. Dacă o cotă a fost trasată cu o comandă de cotare ce o vede ca pe o entitate, ea se poate fărâmiţa în părţile componente cu comanda **EXPLOde**.

AutoCAD operează cu trei categorii de cote, controlate prin variabila de sistem *DIMASSoc*, după cum urmează:

-cote explodate (*DIMASSoc* = 0) – aceste cote sunt alcătuite din entităţi individuale;

-cote nonasociative (*DIMASSoc* = 1) – care grupează elementele componente ale cotei într-o singură entitate;

-cote asociative (*DIMASSoc* = 2) – la care există o legătură dinamică între obiectul cotat şi cotă, astfel încât modificarea obiectului conduce automat şi la modificarea corespunzătoare a cotei.

Cotarea efectivă se face cu una din comenzile: *DIM*, *DIM1*, sau *QDIM*. Primele două comenzi determină înlocuirea prompterului [Command:] cu [Dim:]. *DIM1* permite trasarea unei singure cote, cu revenirea imediată pe prompterul Command. *DIM* deschide o sesiune de cotare din care se mai poate ieşi doar cu comanda Exit (sau prin apăsarea tastei <Esc>). În cadrul prompterului [Dim:] nu se mai pot utiliza comenzile cunoscute. Rămân totuşi valabile câteva comenzi: *Redraw* (redesenează fereastra de afişare curentă); *STATus* (listează setările curente ale tuturor variabilelor de cotare); *STyle* (stabileşte stilul textului cotei); *Undo* (determină anularea ultimei operaţii efectuate); şi bineînţeles, aşa cum am mai arătat comanda *EXIT*.

Comanda *QDIM* permite cotarea rapidă a unor obiecte, prin selectarea lor. Este o comandă simplă, automatizată, ce funcţionează intuitiv, rapid şi corect, fiind uneori mai indicată începătorilor. Această comandă este (dealtfel) localizată (deloc întâmplător) chiar prima în lista meniului derulant „Dimension" (vezi foto de mai jos), meniu ce conţine toate comenzile principale de cotare.

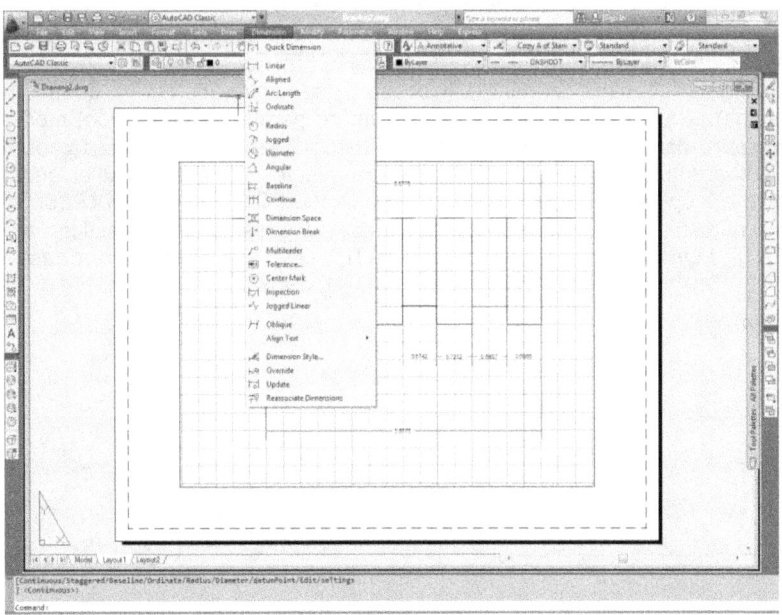

Comanda **Dimension Style** (accesată din meniul derulant Dimension), deschide caseta (fereastra) de mai jos [**Dimension Style Manager**], fereastră extrem de importantă (utilă), mai ales pentru definirea setărilor principale conform cărora se vor trasa (realiza) cotările următoare.

Cu butonul New se defineşte un nou stil. Cu Set Current se stabileşte care stil va deveni activ. Cu Modify se pot schimba parametrii unui stil deja existent (inclusiv parametrii noului stil definit), iar cu Override se pot modifica parametrii stilului curent (setat). Compare, permite compararea variabilelor de cotare dintre două stiluri diferite deja existente.

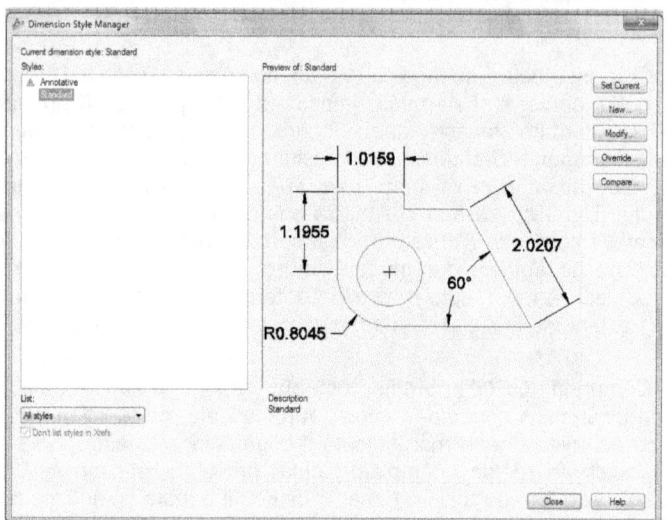

Butonul [**New...**] al ferestrei permite crearea unui nou stil de cotare, personalizat, prin apăsarea lui deschizându-se fereastra (de mai jos) [**Create New Dimension Style**]. Implicit ni se propune denumirea noului stil personalizat „Copy of Standard". Înlocuim cu denumirea pe care o dorim, spre exemplu „*Style001*"; alegem stilul existent de pornire pe care-l vom modifica corespunzător, de exemplu „Standard", şi căror dimensiuni se va aplica noul stil (eventual tuturor-„All dimensions"). Bifarea căsuţei „Annotative" selectează şi activează opţiunea respectivă (care are efect similar setării **DIMASSoc** = 2 însă numai pentru obiectele ce pot prezenta această caracteristică, adică PENTRU OBIECTELE CE POT FI SCALATE). Dăm apoi clic pe [**Continue**].

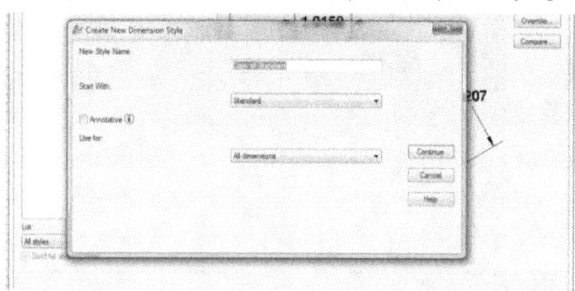

Se deschide fereastra setărilor de mai jos, cu **şapte foi** de setări incorporate în ea (Lines, Symbols and Arrows, Text, Fit, Primary Units, Alternate Units, Tolerances):

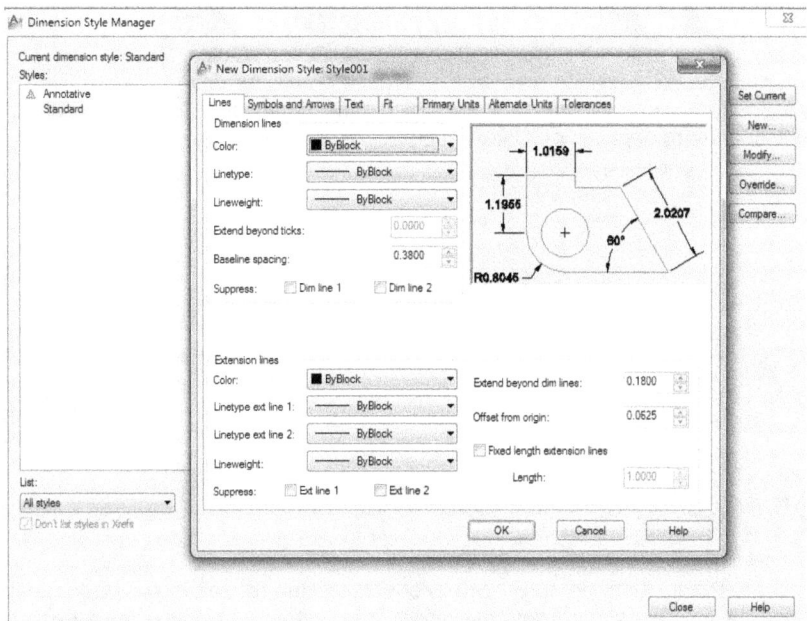

- prima foaie (secţiune) „**Lines**", permite definirea aspectului liniei de cotă şi liniilor ajutătoare;

- a doua foaie (secţiune) „**Symbols and Arrows**", permite definirea aspectului şi poziţiei pentru săgeţile de la extremităţile liniilor de cotă, marcajele pentru centrele cercurilor, simbolizările arcelor, frângerea liniilor de cotă pentru raze;

- secţiunea „**Text**", ajută la definirea parametrilor legaţi de textul cotelor: stilul de scriere, culoarea şi înălţimea, poziţia faţă de linia de cotă;

- foaia „**Fit**", controlează opţiunile de plasare a textului cotei, când acesta nu încape între liniile ajutătoare, prin scoaterea în exterior a textului, a săgeţilor, a săgeţilor şi textului, prin suprimarea uneia din săgeţi, sau a ambelor săgeţi, etc.;

- secţiunea „**Primary Units**", stabileşte unităţile de măsură în care vor fi exprimate cotele: tipul, precizia de afişare, afişarea cifrelor zero de la extremităţile textului cotei, introducerea de prefixe sau sufixe;

- foaia „**Alternate Units**", permite folosirea unui al doilea sistem de unităţi de măsură pentru cote (unităţi de măsură alternative);

- ultima secţiune (foaie) „**Tolerances**", controlează modul de afişare a toleranţelor dimensionale.

În prima secțiune „*Lines*" vom stabili pentru început culoarea liniei de cotă din opțiunea „*Color:*".

Din meniul derulant care se deschide putem alege diverse opțiuni de culori, sau culori (stânga-jos).

Dând clic pe ultima, **Select Color...**, se deschide o casetă (dreapta-jos) cu trei subsecțiuni: **Index Color**, **True Color**, **Color Books**, din care putem alege o culoare convenabilă, în funcție de utilizarea cotei respective. Să presupunem că din prima subfereastră (subsecțiune) am selectat un **gri cod 253**, după care dăm clic pe OK (vezi poza de mai jos-din dreapta).

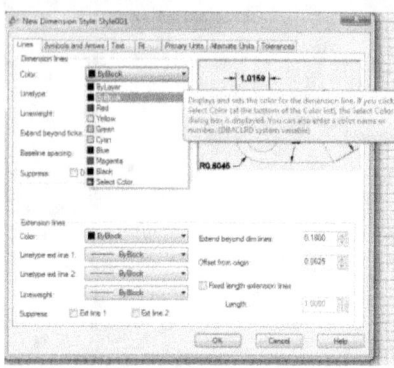 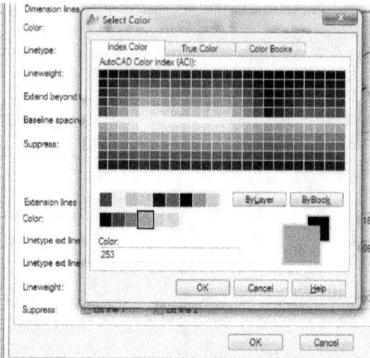

Primul lucru pe care-l putem observa acum (poza din stânga-jos) este faptul că setarea aleasă deja s-a afișat în caseta de selecție, liniile de cotă luând toate culoarea indicată (**253**).

După „*Color:*", urmează imediat opțiunea „*Linetype:*" (tipul de linie), (a se vedea poza de mai jos-din stânga), de la care selectăm spre exemplu tipul de linie continuă dând clic pe ea, adică pe „*Continuous*".

Mai departe vom stabili grosimea liniilor de cotă cu opțiunea „*Lineweight:*" (vezi poza din dreapta-jos), din care selectăm de pildă linia de 0,05 [mm]. Am terminat acum cu „*Dimension lines*" (liniile de cotă).

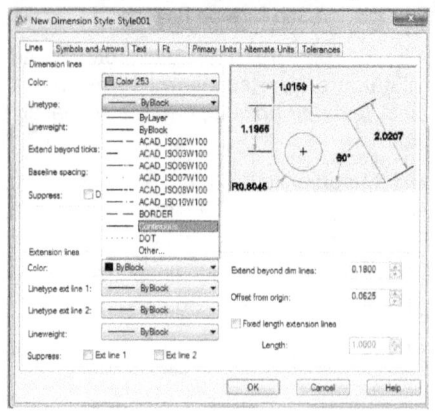 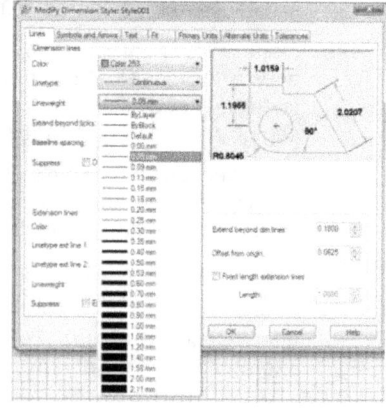

Trecem în continuare la „*Extension lines*", adică la liniile de extensie sau ajutătoare.

Pentru culoarea lor selectăm de pildă un gri 252 „*Color 252*", iar ca tip de linie, şi pentru linia ajutătoare (de extensie) 1, şi pentru linia ajutătoare (de extensie) 2, selectăm tot tipul de linie continuă „*Continuous*".

Pentru grosimea ambelor linii „*Lineweight:*" selectăm tot 0,05 [mm].

Se pot elimina câte o jumătate din linia de cotă „*Suppress:*" „*Dim line 1*", sau „*Dim line 2*", (sau chiar amândouă simultan, prin selectarea prin bifare a ambelor căsuţe), sau câte o linie ajutătoare: „*Suppress:*" „*Ext line 1*", ori „*Ext line 2*" (sau chiar amândouă simultan, prin selectarea prin bifare a ambelor căsuţe).

Cu „*Extend beyond dim lines*" se stabilesc lungimile liniilor ajutătoare de dincolo de linia de cotă.

Cu „*Offset from origin*" se stabileşte distanţa dintre entitate şi începutul liniei ajutătoare.

Odată bifată opţiunea „*Fixed length extension lines*", lungimea liniilor ajutătoare fixată, va trebui introdusă lungimea fixă respectivă, „*Length*".

Mai avem la liniile de cotă o opţiune „*Extend beyond ticks:*", care poate stabili prelungirea liniei de cotă, numai dacă se folosesc vârfuri de săgeată oblice.

Tot la liniile de cotă există şi opţiunea „*Baseline spacing:*" care stabileşte distanţa dintre două linii succesive paralele de cotă, doar acolo unde există o bază comună de cotare (la cotarea în paralel).

Observaţie: Odată fixate opţiunile pentru prima secţiune „*Lines*", e bine să dăm clic pe OK-ul de jos, pentru a putea memora toate setările alese, salvându-le în configuraţia respectivă, sub denumirea deja selectată (*Style001*).

Putem acum eventual să şi fixăm deja configuraţia ca fiind cea curentă, selectând cu mouse-ul stilul nou creat „*Style001*" şi apoi dând clic pe butonul „*Set Current*", aşa cum se poate observa în figura de mai jos.

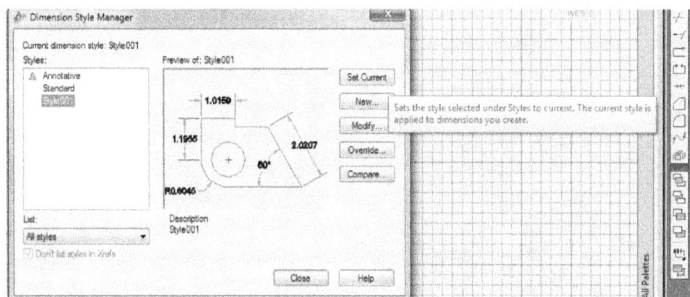

Pentru continuarea editării şi a următoarelor foi (secţiuni), e suficient ca având stilul dorit **[Style001]** selectat (ca în figura de mai sus) să efectuăm clic pe butonul „**Modify...**", şi în fereastra ce se deschide să selectăm apoi foaia (secţiunea) dorită. În continuare selectăm a doua foaie (secţiune), „Symbols and Arrows". În stânga-sus avem subsecţiunea „Arrowheads" (capete de săgeată), în cadrul căreia putem selecta forma capetelor săgeţilor pentru prima (categorie) dimensiune a liniilor de cotare „First" [variabilă de sistem DIMBLK1], pentru a doua categorie „Second" [variabilă de sistem DIMBLK2], şi pentru categoria lider „Leader" [variabilă de sistem DIMLDRBLK]. Practic se aleg formele săgeţilor 1 şi 2 definite de utilizator, şi forma săgeţii de indicaţie (vezi pozele de mai jos).

O altă subsecţiune „Arrow size" [variabilă de sistem DIMASZ] poate seta mărimea săgeţilor. O săgeată prea mare nu încape pe desen, şi mai ales între liniile de extensie (ajutătoare), atunci când acestea sunt prea apropiate, sau uneori chiar şi pentru cote (distanţe) mai mari (mai ales atunci când dorim ca între liniile de extensie să apară forţat şi săgeţile şi cota efectivă), în vreme ce o săgeată prea mică aproape că nu se mai observă pe desene, astfel încât e necesară o selecţie judicioasă (optimizată). „Center marks" (la versiunile mai vechi „Center marks for Cercles") afişează marcajele centrelor cercurilor (vezi imaginile de mai jos) atunci când e bifat cerculeţul „Mark".

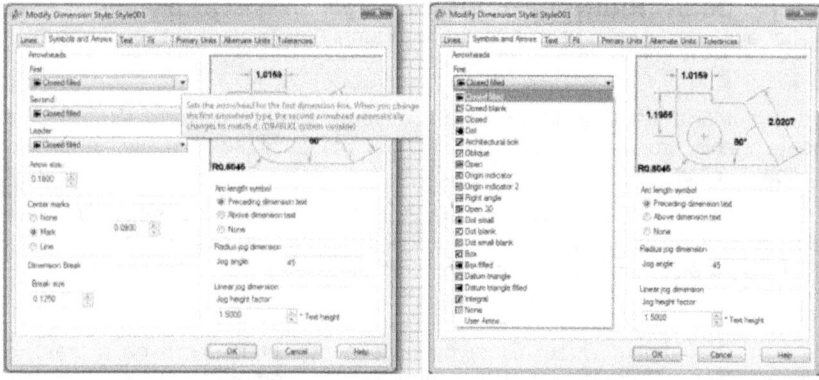

Dacă se bifează cerculeţul nu „None", marcajul centrului cercului dispare instantaneu (vezi imaginea de mai jos-stânga), iar la bifarea cerculeţului „Line" marcajele reapar mărite (imaginea din dreapta-jos).

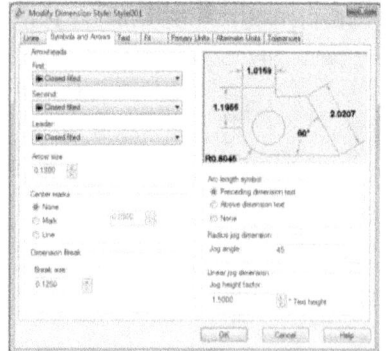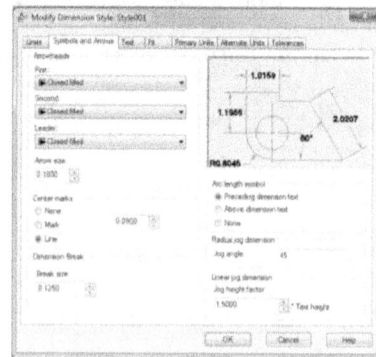

48

Mărimea liniei de marcaj poate fi modificată din cutia din dreapta, unde implicit este setată valoarea 0.09, (variabila de sistem DIMCEN).

„Dimension Break" setează mărimea pauzelor (golurilor), sau a spaţiului liber.

„Arc length symbol" (variabila de sistem DIMARCSYM), are trei reglaje posibile: „Preceding dimension text" poziţionează simbolurile lungimii arcului înaintea textului cotă, „Above dimension text" poziţionează simbolurile lungimii arcului deasupra textului, „None" suprimă simbolurile lungimii arcului.

„Radius jog dimension" (variabila de sistem DIMJOGANG), determină unghiul „Jog angle" segmentului transversal al liniei de cotă la o cotare de rază îndoită (sau frântă).

„Linear jog dimension" stabileşte factorul de înălţime „Jog height factor" al textului cotării pe rază.

Următoarea foaie (secţiune) „Text" stabileşte diverşi parametri pentru textul cotelor, permiţând controlul variabilelor de cotare legate de aspectul textului din cadrul cotelor (a se vedea figura de mai jos-stânga).

Subsecţiunea „Text appearance" cuprinde setările: „Text style", „Text color", „Fill color", „Text height", „Fraction height scale", şi „Draw frame around text". „Text style" (variabila de sistem DIMTXSTY) setează pentru cotă un stil de text definit anterior; apăsând pe pictograma din dreapta (un pătrat cu trei puncte pe el) se deschide o nouă fereastră (imaginea din dreapta-jos) care ne permite introducerea (creearea) de noi stiluri de text. „Text color" (variabila de sistem DIMCLRT) şi „Fill color" (variabila de sistem DIMTFILL, DIMTFILLCLR) stabilesc culoarea liniei textului, respectiv umplerea lui. „Text height" (variabila de sistem DIMTXT) stabileşte înălţimea textului cotei. „Fraction height scale" (variabila de sistem DIMTFAC) setează scara fracţiilor în funcţie de dimensiunea textului. „Draw frame around text" (variabila de sistem DIMGAP) stabileşte spaţiul liber din jurul textului cotei, construind practic un dreptunghi gol (ca o casetă) de jur împrejurul textului.

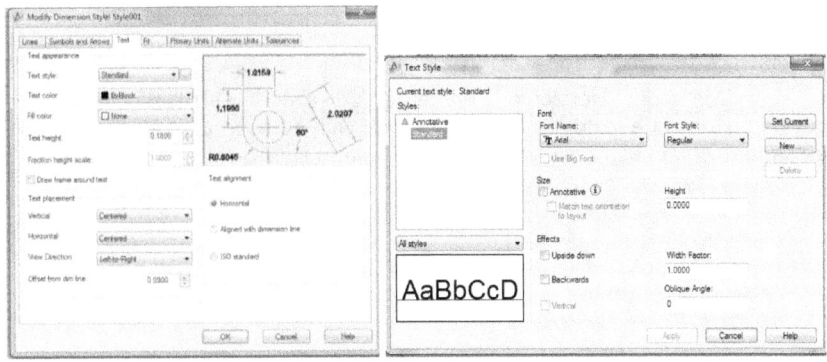

Urmează subsecţiunea „Text placement", care controlează poziţia textului cotei.

Comanda „Vertical" (variabila de sistem DIMTAD) stabileşte poziţia verticală a textului cotei în raport cu linia de cotă. Lucrează împreună şi cu celelalte opţiuni. Pentru „Centered", centrat (vezi poza de mai jos din stânga).

Pentru „Above", deasupra (vezi poza de mai jos din dreapta); se observă cum textul cotei s-a plasat deasupra liniei de cotă.

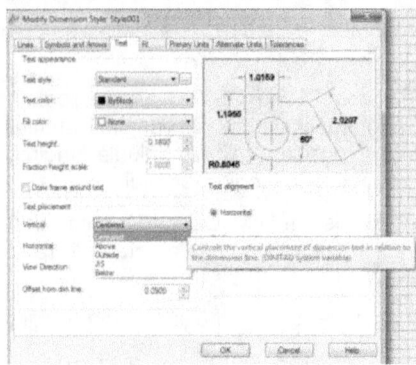 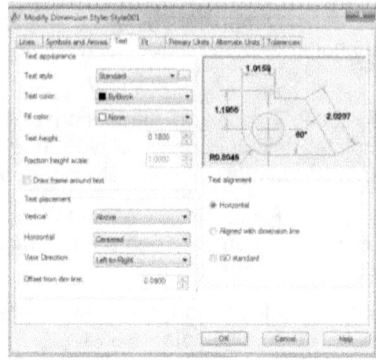

Pentru „Below", sub (vezi poza de mai jos din stânga); se observă cum textul cotei s-a plasat sub linia de cotă. Pentru „Outside", în afară (vezi poza de mai jos din dreapta); se observă cum textul cotei s-a plasat în exteriorul liniei de cotă; aşa cum s-a mai precizat opţiunile lucrează împreună şi cu celelalte, pentru „Horizontal" fiind setată până acum doar opţiunea „Centered". „JIS" e un stas Nipon.

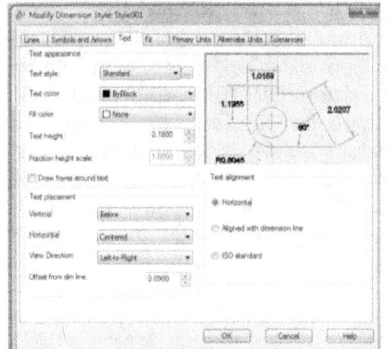 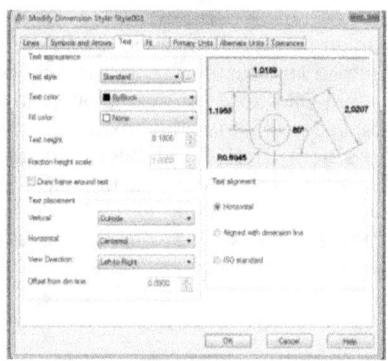

Comanda „Horizontal" (variabila de sistem DIMJUST) stabileşte poziţia orizontală a textului cotei în raport cu linia de cotă: central, către o linie exterioară, sau în afara ei (vezi următoarele patru figuri).

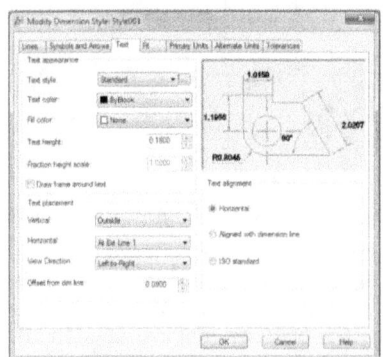 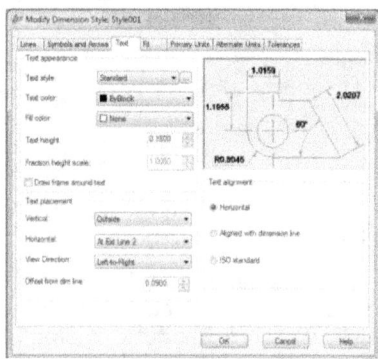

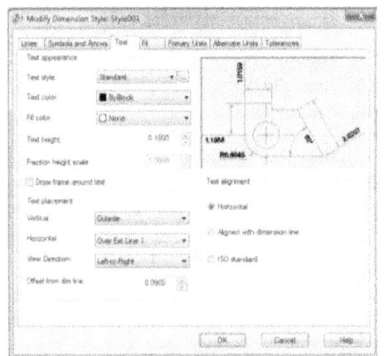 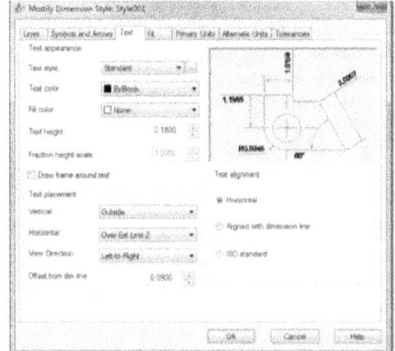

„View Direction" (variabila de sistem DIMTXTDIRECTION) stabileşte direcţia textului cotei: de la stânga la dreapta (normală), sau (invers) de la dreapta la stânga.

„Offset from dim line" (variabila de sistem DIMGAP) setează spaţiul dintre cotă şi linia de cotă.

Subsecţiunea „Text alignment" reglează orientarea (alinierea) textului cotei. Până acum am urmărit poziţionarea textului cotei pentru o orientare (aliniere) orizontală „Horizontal" (figura de mai jos-stânga). El poate fi însă orientat (aliniat) şi cu linia de cotă (în lungul ei) „Aligned with dimension line" (figura de mai jos-dreapta).

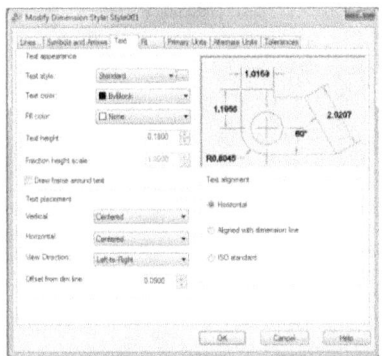 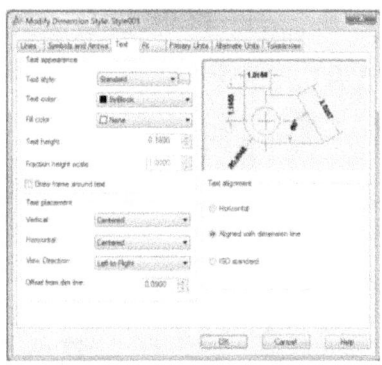

Mai este posibilă şi alinierea ISO, „ISO standard", pentru care textul cotei se aliniază orizontal (în poziţie orizontală) când se află în afara extremităţilor, şi aliniat cu linia de cotă (în lungul ei) atunci când se află între extremităţi (vezi figura din dreapta).

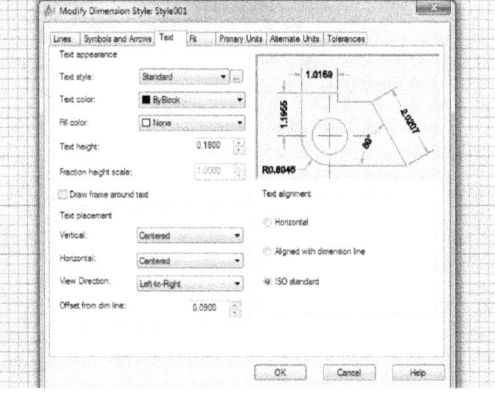

A patra foaie a ferestrei „Modify Dimension Style" este secţiunea „Fit", (aranjează, potriveşte), care permite controlul variabilelor de cotare legate de aşezarea textului cotei şi a săgeţilor, fie între liniile ajutătoare, ori în afara lor, sau pe prelungirile liniei de cotă (vezi figura de mai jos).

Opţiunea „Either text or arrows (best fit)" potriveşte textul şi săgeţile după cum încap mai bine, adaptând totul pentru optimizarea cotării în vederea unei vizibilităţi cât mai bune. Opţiunea „Arrows" aşează forţat săgeţile între liniile ajutătoare, textul putând fi aşezat în afara acestora dacă nu mai încape şi el, după caz. Opţiunea „Text" aşează forţat textul între liniile ajutătoare, săgeţile putând fi poziţionate şi în afara lor dacă nu mai încap (după caz). Opţiunea „Both text and arrows" aşează forţat atât textul cât şi săgeţile între liniile ajutătoare. Toate aceste patru opţiuni se setează cu comanda (variabila) DIMATFIT.

Opţiunea „Always keep text between ext lines" (variabila de sistem DIMTIX) pune textul între liniile ajutătoare, chiar dacă nu încape (nu există suficient spaţiu).

Opţiunea „Suppress arrows if they don't fit inside extension lines" (variabila de sistem DIMSOXD) elimină săgeţile dacă acestea nu încap între liniile ajutătoare, interzice desenarea liniilor de cotă în afara liniilor ajutătoare.

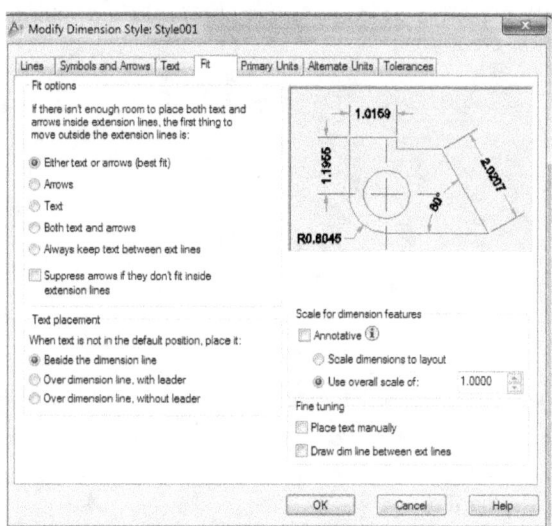

„Text placement" (variabila de sistem DIMTMOVE) – când textul nu se află în poziţia obijnuită, va fi plasat în:

„Beside the dimension line" – lângă linia de cotă.

„Over dimension line, with leader" – deasupra liniei de cotă, împreună cu o linie de indicaţie.

„Over dimension line, without leader" – deasupra liniei de cotă, fără linie de indicaţie.

„Scale for dimension features" (variabila de sistem DIMSCALE) – stabileşte scara generală (vezi figura anterioară):

„Scale dimension to layout" – stabileşte o scară bazată pe modelul curent şi pe spaţiul aparţinând hârtiei (pentru imprimare).

„Use overall scale of:" – stabileşte (setează) o scară generală, pentru setările tuturor stilurilor de cotare, care specifică mărimea, distanţa, sau spaţiul, inclusiv mărimea textului şi a capului săgeţilor. Această scară nu trebuie să schimbe valorile măsurilor cotelor.

„Fine tuning" setează opţiuni suplimentare de aşezare:

„Place text manually" (variabila de sistem DIMUPT) – ignoră orice setări şi plasează textul de la punctul specificat din linia de cotare.

„Draw dim line between ext lines" (variabila de sistem DIMTOFL) – trasează cotarea între punctele măsurate, chiar când capetele săgeţilor sunt plasate în afara punctelor măsurate.

Foaia (sau tabul) „Primary Units", „unităţi de măsură primare (principale) pentru cotare", setează formatul şi precizia unităţilor de măsură primare şi setează prefixele şi sufixele pentru textul dimensiunii; începe cu „Linear dimensions" (dimensiuni liniare) care setează formatul şi precizia dimensiunilor liniare (vezi imaginea de mai jos).

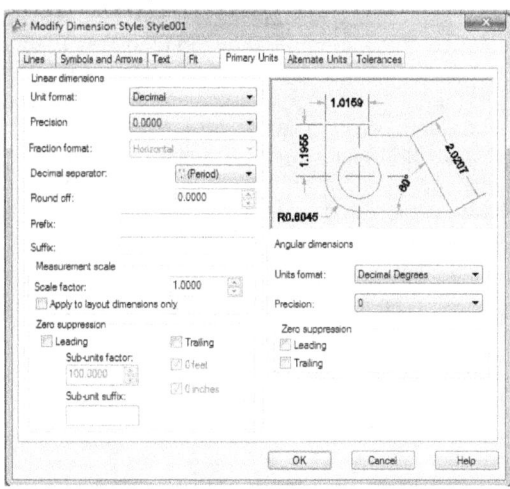

„Unit format" setează formatul unităţilor de măsură curente pentru toate dimensiunile tipărite (pentru toate tipurile de cote) cu excepţia celor unghiulare. Variabila de sistem este *DIMLUNIT*. Mărimile relative ale numerelor la fracţiile complexe se bazează în schimb pe variabila de sistem *DIMTFAC*, în acelaşi mod în care valorile toleranţelor utilizează această variabilă de sistem.

„Precision" afişează (arată pe ecran) şi setează numărul destinat locului zecimalelor din textul dimensiunii. Altfel spus comanda controlează numărul de zecimale al toleranţelor unităţilor principale, variabila de sistem fiind **DIMDEC**.

„Fraction format" setează formatul fracţiilor (în care se exprimă valorile cotelor); variabila de sistem corespunzătoare este **DIMFRAC**.

„Decimal separator" stabileşte separatorul pentru formatele zecimale, având variabila de sistem **DIMDSEP**.

„Round off" stabileşte regulile de rotunjire a măsurilor dimensionale pentru toate tipurile de dimensiuni cu excepţia celor unghiulare. Variabila de sistem este **DIMRND**. Numărul de zecimale afişate după punct depinde însă tot de setările preciziei.

„Prefix" şi „Suffix" permit includerea unui prefix sau sufix în cadrul textului cotei. Ambele comenzi pot fi controlate şi prin variabila de sistem **DIMPOST**.

„**Measurement scale**" defineşte opţiunile scării liniare. Se aplică cu precădere desenelor deja existente. Variabila de sistem este **DIMLFAC**. Conţine „Scale factor" şi „Apply to Layout Dimensions Only".

„Scale factor" stabileşte un factor de scară pentru măsurătorile (mărimile) dimensiunilor liniare. Este recomandabil ca în general să nu se umble la această setare, care este în mod normal setată pe valoarea 1.00, adică pentru o scară de unu la unu (altfel spus mărimi reale). Dacă cineva face totuşi schimbarea şi setează această valoare pe 2.00 (de exemplu), la un desen gata executat cu o linie (segment) având lungimea reală de 1 [mm] ni se afişează o lungime a lui de 2 [mm]. În schimb valoarea nu se aplică aşa cum am mai arătat şi dimensiunilor unghiulare, astfel încât desenele se complică (pot apare neconcordanţe, erori de proiectare, uneori foarte grave). Opţiunea nu este valabilă (aplicabilă) nici valorilor rotunjite, sau valorilor toleranţelor cu plus sau cu minus, astfel încât schimbarea valorii implicite de 1.00 poate conduce la erori ale scărilor, unora din lungimi (unghiulare, liniare rotunjite), şi ale toleranţelor.

Atenţie! Nu schimbaţi valoarea implicită (1.00) a acestei setări decât dacă sunteţi un profesionist şi ştiţi foarte bine ce faceţi!

„Apply to Layout Dimensions Only" aplică factorul de scară al mărimilor (măsurilor) numai dimensiunilor (cotărilor) creeate în aspectul „viewports". Cu excepţia cazului utilizării cotelor (cotării) nonasociative, această setare (căsuţă) trebuie să rămână nebifată!

„Zero Suppression" (variabila de sistem **DIMZIN**) controlează suprimarea zerourilor pentru valorile exprimate în unităţi principale.

Opţiunea (suprimă zerourile) „Leading" are ca efect dispariţia zeroului d-inaintea punctului (virgulei): 0.12000 devine .12000; în vreme ce opţiunea „Trailing" elimină afişarea zerourilor de la urmă de după virgulă: 0.012000 devine 0.012; cu ambele opţiuni bifate numărul 0.012000 se va afişa .012; opţiunea „Sub-unit suffix" include un sufix la valoarea dimensiunii (cotei) sub unităţii; se poate introduce text sau utiliza coduri de control pentru a afişa simboluri speciale; de exemplu se introduce cm pentru .96m pentru afişarea lui sub forma 96cm.

„Angular dimensions" afişează şi setează formatul unghiului curent pentru dimensiunile cotelor unghiulare.

„Units format" setează formatul unităţilor de măsură unghiulare; variabila de sistem ce controlează opţiunea este **DIMAUNIT**.

„Precision" controlează precizia valorilor unghiulare, stabilind practic numărul de zecimale atribuite dimensiunilor unghiulare; variabila de sistem aferentă este **DIMADEC**.

„Zero Suppression", sau eliminare de zerouri; şi la dimensiunile unghiulare se poate controla afişarea sau eliminarea zerourilor valorilor cotelor (dimensiunilor) unghiulare; variabila de sistem este **DIMAZIN**.

Foaia (tabul, eticheta, rubrica) unităţi alternative *„Alternate Units"*, specifică afişarea unităţilor de măsură alternative în dimensionare şi cotare şi setează formatul şi precizia lor (a se vedea figura de mai jos).

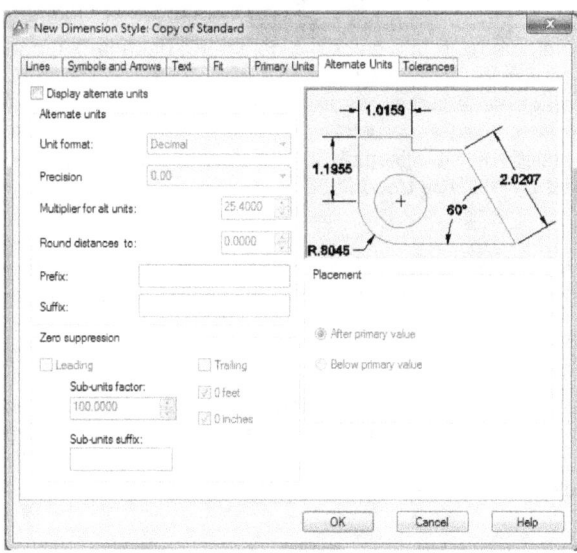

„Display alternate units" (variabilă de sistem **DIMALT**) stabileşte afişarea unităţilor de măsură alternative pentru cote. Adaugă unităţi de măsură alternative la textul dimensiunii cotei, când **DIMALT** (variabila de sistem) e setată pe valoarea 1.

„Alternate Units" (unităţi alternative), afişează şi setează formatul de unităţi alternative curent pentru toate tipurile de dimensiuni (de cotare) cu excepţia celor unghiulare. Conţine:

„Unit format", setează formatul unităţilor de măsură pentru unităţile alternative; variabila de sistem este **DIMALTU**. Mărimile relative ale numerelor la fracţiile complexe se bazează în schimb pe variabila de sistem **DIMTFAC**, în acelaşi mod în care valorile toleranţelor utilizează această variabilă de sistem.

„Precision" setează numărul de zecimale necesare unităţilor alternative (variabila de sistem este **DIMALTD**).

„Multiplier for alt units" (variabila de sistem este **DIMALTF**), controlează factorul de scară, specificând multiplicatorul utilizat pe post de factor de conversie între sistemul de (unităţi de) măsură primar şi cel alternativ; spre exemplu pentru a converti inches în milimetri se introduce factorul 25.4; valoarea nu are efect asupra dimensiunilor unghiulare, şi nu se aplică valorilor rotunjite, sau valorilor toleranţelor plus ori minus.

„Round distances to" (variabila de sistem este **DIMALTRND**), controlează rotunjirea unităţilor, setând regulile de rotunjire pentru unităţile alternative valabile tuturor tipurilor de dimensiuni (cote) cu excepţia celor unghiulare.

Opţiunile „Prefix" şi „Suffix" pot introduce un prefix sau un sufix în textul dimensiunii cotei alternative (variabila de sistem este **DIMAPOST**). De exemplu dacă introducem la prefix codul de control „%%c", se va afişa în textul cotei simbolul diametru în faţa celorlalte caractere; dacă la comanda (opţiunea) Suffix se introduc caracterele „%%d" se va afişa în cota respectivă dată în cifre simbolul de grade sexazecimale sau grade celsius (cota 36 se afişează 36^0); tot la suffix introducerea caracterelor „%%p" vor afişa în cota respectivă toleranţa .1 astfel (36 se afişează 36±.1); pentru a afişa sufixul procente se introduce textul „%%%" (36 trece în 36%).

„Zero Suppression" (eliminare zerouri), (variabila de sistem este **DIMALTZ**), controlează eliminarea zerourilor similar cu opţiunile de la unităţile primare.

„Placement" (variabila de sistem este **DIMAPOST**), este oarecum similară cu opţiunile Prefix şi Suffix (dar nu identică), aşezând unităţile alternative după unităţile primare (opţiunea „After primary value"), sau sub ele (opţiunea „Below primary value").

Ultima foaie (tab, etichetă) de opţiuni (şi comenzi) este secţiunea *„Tolerances"*, care permite adăugarea toleranţelor dimensionale la sfârşitul textului cotei, specificând afişarea şi formatul textului toleranţelor dimensionale (a se urmări figura de mai jos).

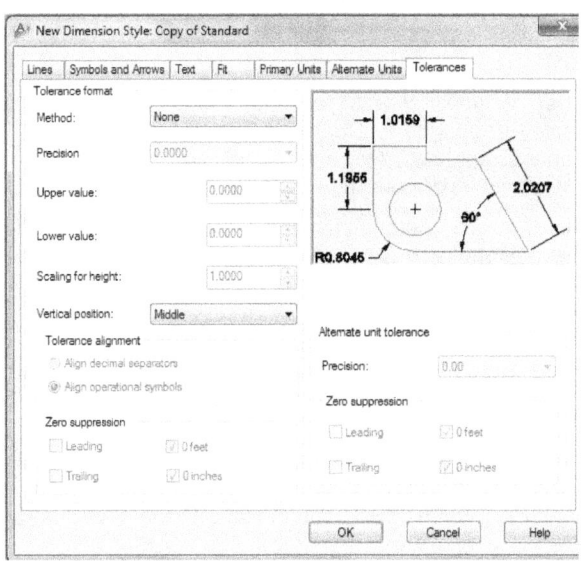

„**Method**" setează metoda pentru calculul toleranţei. Variabila de sistem care controlează comanda este **DIMTOL**. Ea acţionează după caz împreună (asociată) sau nu şi cu alte variabile de sistem:

„None" – nu se adaugă toleranţă la cotă. Dacă nu trebuie introdusă toleranţa la cotă, atunci i se atribuie variabilei de sistem **DIMTOL** valoarea **0**.

„Symmetrical" – adaugă semnul ± expresiei toleranţei împreună cu o singură valoare de variaţie, cotei dimensionale respective ⌐ . I se atribuie variabilei de sistem **DIMTOL** valoarea **1**, iar variabila **DIMLIM** este setată pe **0**.

„Deviation" – adaugă semnul + pentru abaterea superioară şi semnul - pentru abaterea inferioară (cele două abateri fiind principial diferite ca valoare) expresiei toleranţei cotei dimensionale respective ⌐ . I se atribuie variabilei de sistem **DIMTOL** valoarea **1**, iar variabila **DIMLIM** este setată pe **0**.

„Limits" – construieşte o cotă limită, care afişează maximul şi minimul valorii aşezate una sub alta (asemănător toleranţelor din situaţia anterioară, doar că aici nu mai e vorba de cele două toleranţe + şi – adăugate valorii, ci de valoarea maximă finală cu abaterea plus inclusă în ea, şi de valoarea minimă finală cu abaterea minus inclusă în ea) ⌐ . I se atribuie variabilei de sistem **DIMTOL** valoarea **0**, iar variabila **DIMLIM** este setată pe **1**.

„Basic" – construieşte o dimensiune bazică, ce afişează o cutie în jurul cotei dimensiunii care apare simplă fără toleranţe ⌐ . Practic nu se folosesc toleranţele (nu apar abaterile) iar cota este încadrată. Se utilizează variabila de sistem **DIMGAP**.

„*Precision*" setează numărul de zecimale introduse. Variabila de sistem este **DIMTDEC**.

„*Upper value*" setează maximul dimensiunii cotei sau valoarea toleranţei (abaterii) superioare. Dacă s-a selectat „Symmetrical" în „Method" valoarea introdusă reprezintă toleranţa (adică atât abaterea superioară cât şi cea inferioară). Variabila de sistem ce controlează comanda este **DIMTP**.

„*Lower value*" setează minimul dimensiunii cotei sau valoarea toleranţei (abaterii) inferioare. Variabila de sistem ce controlează comanda este **DIMTM**.

„*Scaling for height*" setează înălţimea curentă a textului toleranţei. Raportul dintre înălţimea toleranţei (abaterii) şi înălţimea cotei (sau a textului principal al cotei dimensionale) este calculat şi păstrat (stocat) în variabila de sistem **DIMTFAC**.

„*Vertical position*" controlează alinierea textului pentru toleranţele (abaterile) simetrice „Symmetrical", sau deviate „Deviation". Sunt prevăzute trei cazuri distincte.

-Top, aliniază textul toleranţelor (abaterilor) la nivelul de sus al textului principal al cotei (cum se vede în poza alăturată); Când selectăm această opţiune, în mod automat variabila de sistem care o controlează „*DIMTOLJ*"

este trecută pe valoarea 2   .

-Middle, aliniază textul toleranţelor (abaterilor) cu mijlocul textului principal al cotei (cum se vede în poza alăturată); Când selectăm această opţiune, în mod automat variabila de sistem care o controlează „*DIMTOLJ*"

este trecută pe valoarea 1   .

-Bottom, aliniază textul toleranţelor (abaterilor) la nivelul de jos al textului principal al cotei (cum se vede în poza alăturată); Când selectăm această opţiune, în mod automat variabila de sistem care o controlează

„*DIMTOLJ*" este trecută pe valoarea 0   .

„*Tolerance alignment*" controlează alinierea valorilor toleranţelor (abaterilor) superioare şi inferioare, când acestea sunt separate prin separatori.

„Align Decimal Separators", când valorile sunt despărţite de punctele lor separatoare ale întregului de zecimale.

„Align Operational Symbols", când valorile sunt despărţite de simbolele lor operaţionale.

„*Zero Suppression*" controlează eliminarea zeroului lider, sau a ultimilor zerouri de după virgulă. Comanda apare de două ori în cadrul secţiunii şi lucrează similar cu cea deja prezentată în secţiunile anterioare.

Prima comandă suprimarea zerourilor toleranţelor (abaterilor) cotelor principale (unităţilor de măsură primare) şi este controlată de variabila de sistem **DIMTZIN**, iar a doua (cea din dreapta secţiunii) comandă suprimarea zerourilor toleranţelor (abaterilor) cotelor alternative (unităţilor de măsură alternative) fiind controlată de variabila de sistem **DIMALTTZ**.

„*Alternate Unit Tolerance*" formatează toleranţele (abaterile) unităţilor alternative. Are două comenzi principale: "Precision" (care se prezintă mai jos) şi „Zero suppression" (variabila de sistem **DIMALTTZ**), deja amintită mai sus.

„Precision" afişează şi setează numărul zecimalelor toleranţelor alternative (variabila de sistem **DIMALTTD**).

__Cote aliniate__ (*dimaligned*) - creează linii de cotă paralele cu obiectul înclinat şi linii ajutătoare perpendiculare pe obiect.

__Cote tehnologice__ (**Ordinate**) - se măsoară faţă de un punct de referinţă, care se stabileşte cu comanda *UCS*; dacă nu se precizează un punct de origine, programul utilizează punctul 0,0 care este punctul de origine implicit. De obicei un punct al reperului desenat este utilizat drept punct de referinţă.

__Cotarea razelor şi a diametrelor__ (*Radius, Diameter*) - se măsoară suprafeţe circulare.

__Cotarea unghiurilor__ (*Angular*) - se măsoară unghiuri, care pot fi definite prin următoarele metode:un arc; un cerc şi un punct definit de utilizator; două linii neparalele; trei puncte definite de utilizator.

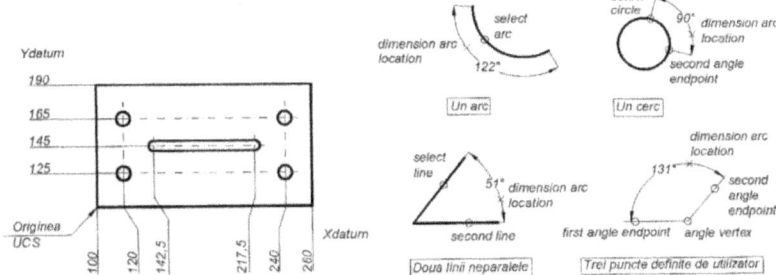

__Cote înlănţuite__ - sunt cote care pornesc din acelaşi punct sau utilizează o linie comună pentru un grup de cote.

Continue - fiecare cotă porneşte din punctul terminal al celei anterioare – punctul de început pentru noua cotă este punctul final al precedentei.

Baseline - se creează cote cu aceeaşi bază de cotare – punctul de început este pe linia de bază şi trebuie ales punctul final. Fiecare cotă nou creată este plasată deasupra cotei precedente la o distanţă dată de valoarea opţiunii.

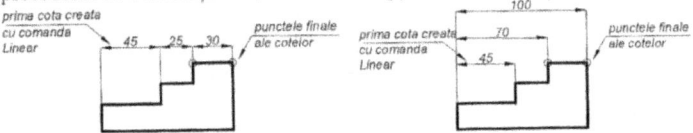

Panoul *Fit* – controlează opțiunile de plasare a textului cotei, în cazul când acesta nu încape între liniile ajutătoare: scoaterea în exterior a textului, a săgeților, suprimarea săgeților etc.

Panoul ***Primary Units*** – stabilește unitățile de măsură în care vor fi exprimate cotele: tipul, precizia de afișare, afișarea cifrelor zero de la extremitățile textului cotei, introducerea unor prefixe sau sufixe.

Panoul ***Alternate Units*** – permite folosirea unui al doilea sistem de unități de măsură pentru cote.

Panoul ***Tolerances*** – controlează modul de afișare a toleranțelor dimensionale.

Pentru a cota desenul în AutoCAD, se pot folosi comenzile **Dim, Dim1** sau **Qdim**.

AutoCAD separă cotarea de toate celelalte operații, furnizând subcomenzi și variabile de sistem care sunt operante doar atunci când se adaugă cote desenului.

Astfel, *prompt*-ul obișnuit *"Command:"* se schimbă la intrarea în modul de cotare, în *prompt*-ul *"Dim:"*. Noul *prompt* indică faptul că ne aflăm în modul *dimensionare*, ceea ce conduce la înlocuirea setului obișnuit de comenzi, cu setul de comenzi de cotare.

Un mod rapid de cotare este folosirea barei cu instrumente ***Dimension*** sau meniul derulant ***Dimension***.

Cotarea liniară (dimlinear) - este cea mai des folosită și creează cote paralele și perpendiculare pe axele desenului. Pentru cotarea unei dimensiuni liniare, trebuie parcurse două etape: *precizarea dimensiunii de cotat* și *indicarea poziției pentru linia de cotă*. Indicarea originilor liniilor ajutătoare este mai ușor și precis de realizat utilizând unul din modurile ***OSnap – INT*** sau ***END***.

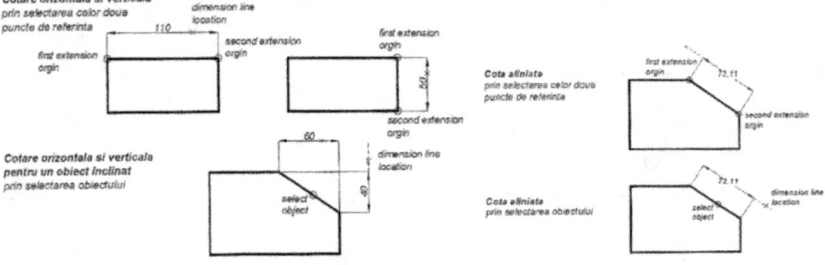

Command: **dimlinear**
Specify first extension line origin or <select object>:
Specify second extension line origin:
Specify dimension line location or
[Mtext/Text/Angle/Horizontal/Vertical/Rotated]:
Dimension text =

Înainte de a se înscrie cota se pot alege opțiunile:

- **Mtext** – se intră în caseta Multiline Text Editor pentru scrierea unui text;

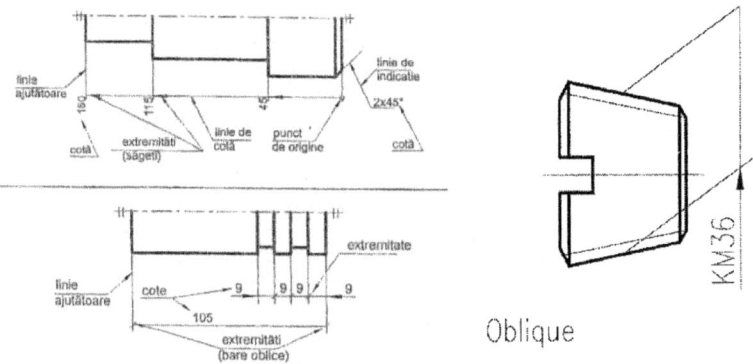

Oblique

Aplicaţii:

Să se deseneze următoarele modele, cu comenzile învăţate, şi să se coteze corespunzător.

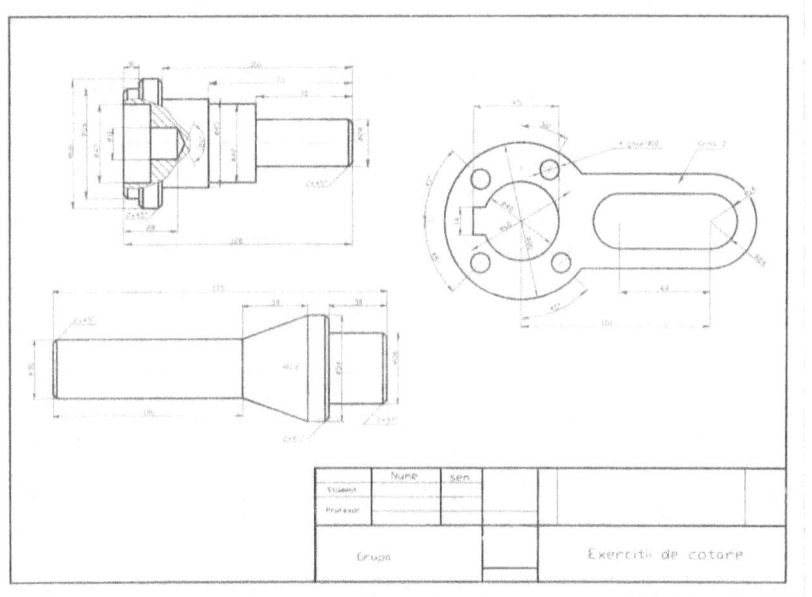

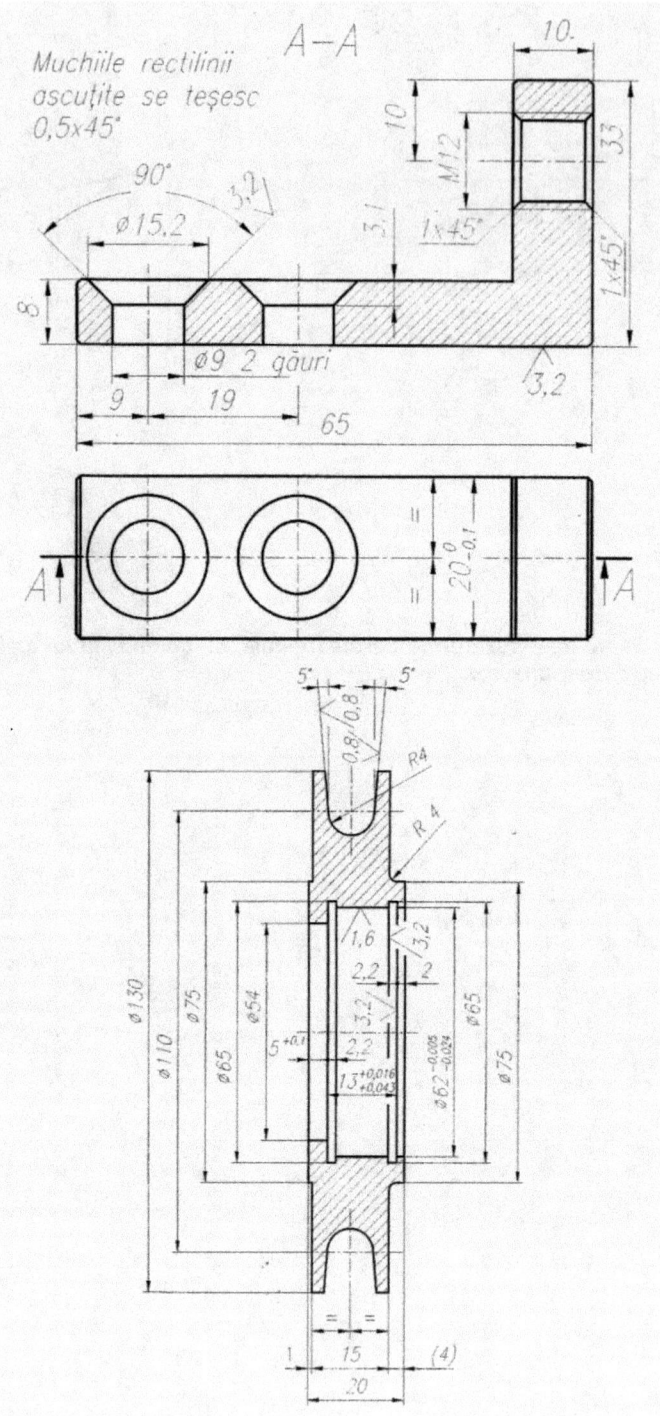

A—A

Muchiile rectilinii
ascuţite se teşesc
0,5x45°

90°

⌀15,2

3,2

3,1

1x45°

10

M12

33

1x45°

8

⌀9 2 găuri

3,2

9

19

65

$20_{-0,1}^{0}$

5°   5°

0,8 / 0,8

R4

R 4

⌀130

⌀110

⌀75

⌀65

⌀54

1,6

3,2

2,2

2

$5^{+0,1}$

2,2

3,2

2,2

$13_{+0,043}^{+0,016}$

$⌀62_{-0,034}^{-0,005}$

⌀65

⌀75

1

15

(4)

20

62

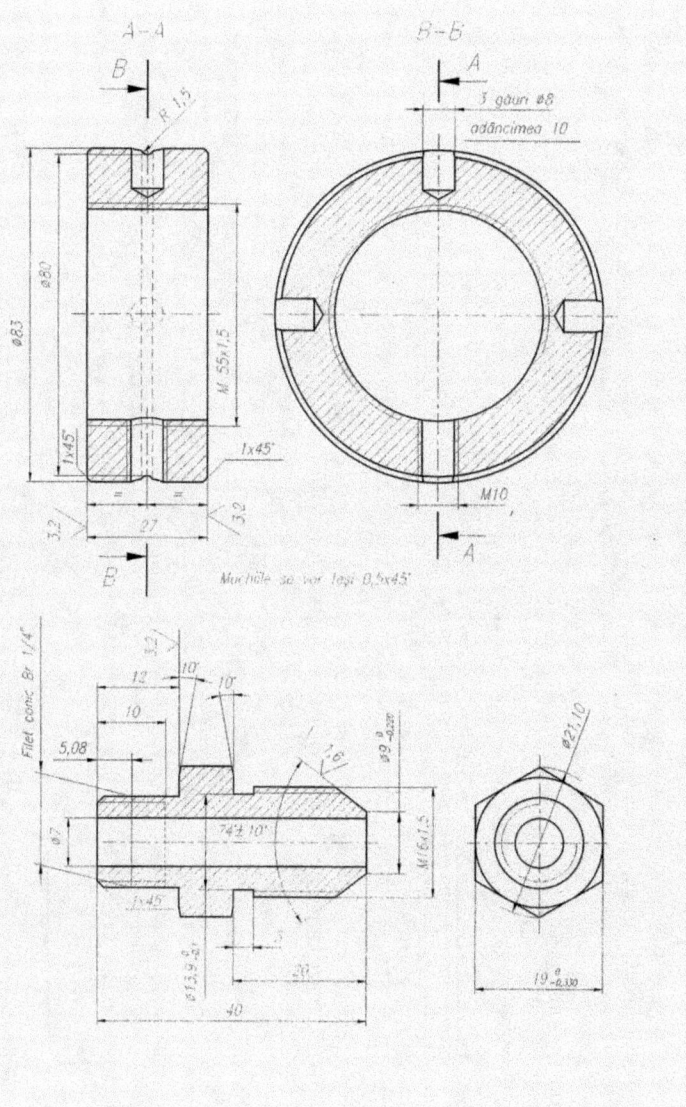

A—A

B—B

R.15

3 găuri ⌀8
adâncimea 10

⌀80

⌀83

M 55±1,5

1x45°

1x45°

3,2

3,2

27

M10

Muchiile se vor teşi 0,5x45°

Filet conic Br 1/4"

3,2

12

10°

10°

10

5,08

⌀9 ₋₀,₀₃₆

⌀7

74±10°

M16x1,5

⌀21,10

1x45

⌀13,9 ₋₀,₂

20

19 ₋₀,₃₃₀

40

63

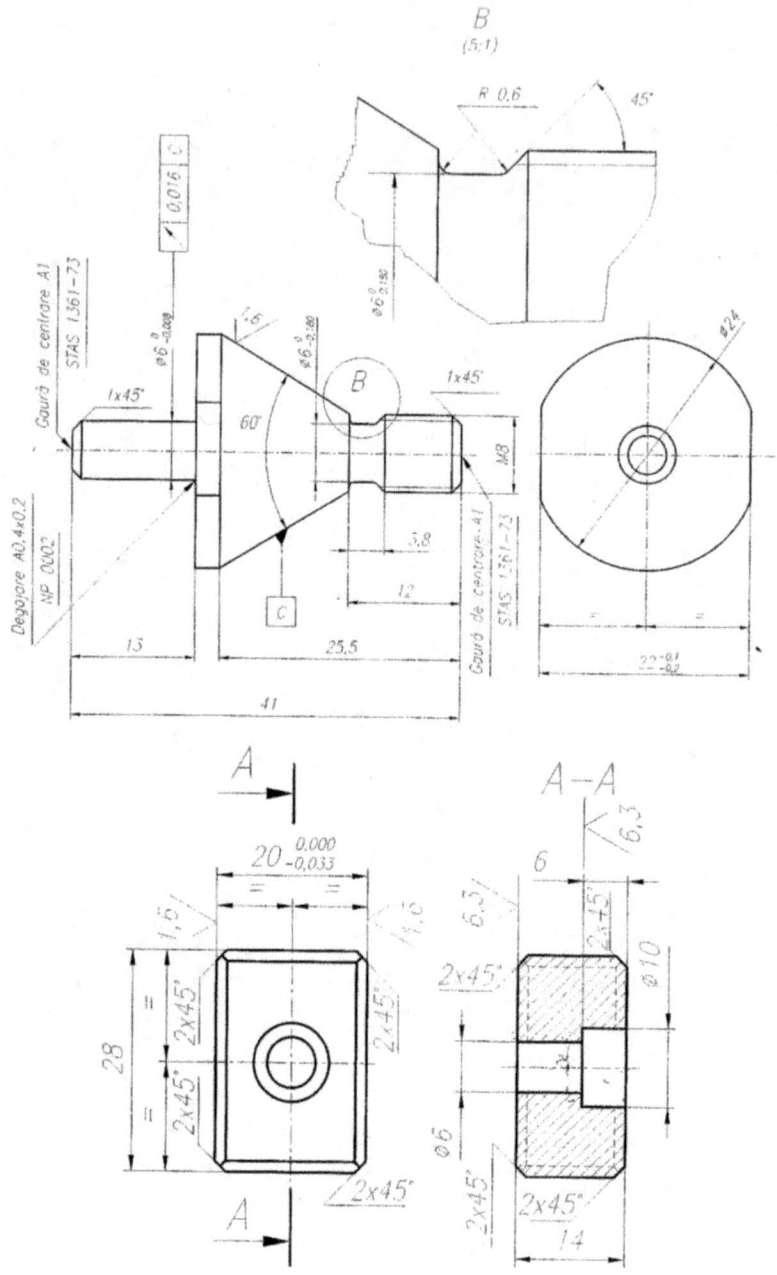

B
(5:1)

R 0.6

45°

∅6⁰₋₀,₁₅₀

Gaură de centrare A1
STAS 1361-73

⊥ 0,016 C

∅6⁰₋₀,₀₀₈

1,6

∅6⁰₋₀,₁₅₀

1x45°

60°

B

C

1x45°

M8

5,8

12

Gaură de centrare A1
STAS 1361-73

Degajare A0,4x0,2
NP 0002

13

25,5

41

∅24

22⁻⁰'₋₀,₂

A

A-A

20⁺⁰,₀₀₀₋₀,₀₃₃

6,3

6

6,3

28

1,6

2x45°

2x45°

2x45°

R 0,6

2x45°

2x45°

∅6

∅10

2x45°

2x45°

14

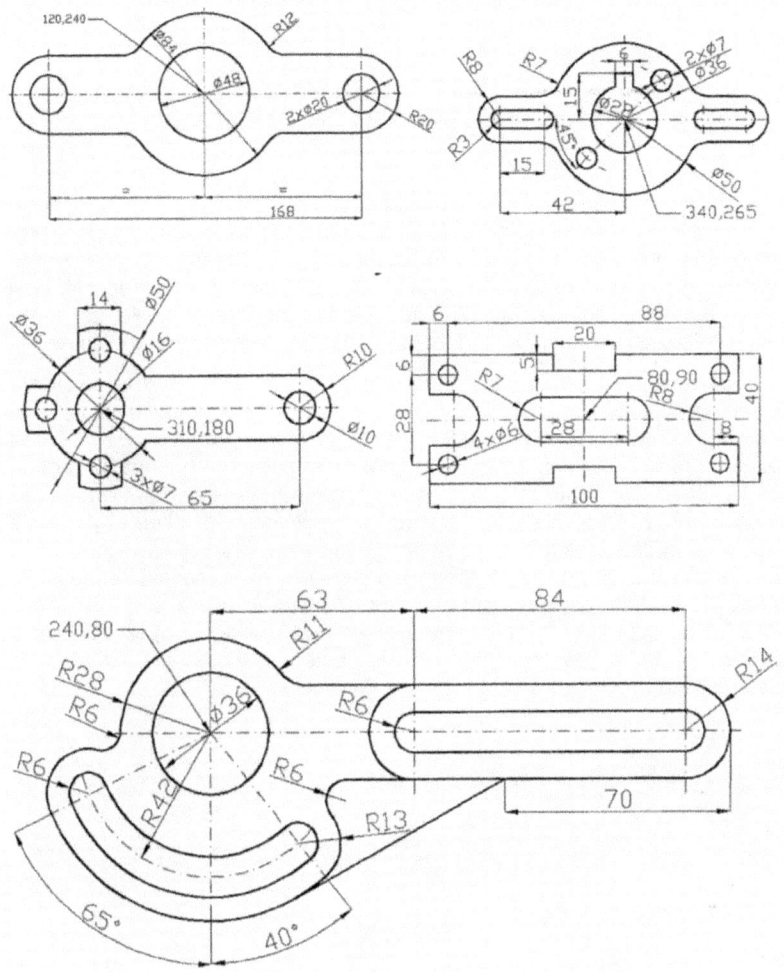

09-11. DIVERSE FUNCŢII ÎN AUTOCAD

Cotarea, haşurarea, trasarea axelor, şi alte operaţii distincte efectuate asupra unui desen, pot fi separate prin utilizarea mai multor straturi (layers), fiecare strat (layer) fiind rezervat unei singure operaţii; straturile se suprapun apoi într-o ordine convenabilă (aleasă deobicei de la bun început).

FOLOSIREA STRATURILOR ÎN DESEN

Diferitele elemente ale unui desen pot fi organizate pe straturi, pentru fiecare strat (layer) putându-se asocia o anumită culoare, un tip de linie, o anumită grosime de linie, etc. Într-un desen de ansamblu fiecare piesă componentă a ansamblului poate fi desenată pe câte un strat separat, iar în cadrul unui desen de execuţie al unei piese componente liniile de contur, haşurile, cotele, axele, etc., pot fi desenate deasemenea pe straturi diferite.

Avantajele lucrului cu straturi derivă în primul rând din posibilitatea executării pe un strat a unui număr redus de operaţii cu setări minimale, din posibilitatea automatizării operaţiilor (spre exemplu: stratul cu indicatorul desenului poate fi folosit asemenea unui „template" în mai multe desene diferite), eliminând multe din operaţiile repetitive (pentru un strat ales în vederea unor operaţii comune limitate se pot selecta diferite proprietăţi asociate: vizibilitatea, accesul la editare, culoarea, tipul şi grosimea liniei, opţiuni de plotare, etc; comanda prin care se pot crea şi modifica straturi este *„LAyer"*, şi se poate scrie în linia de comenzi, sau se poate porni din meniul *„Format"*, ea determinând afişarea ferestrei de dialog *„Layer Properties Manager"* din figura de mai jos; fereastra este iniţial goală, urmând să se umple cu straturi pe măsură ce acestea vor fi create).

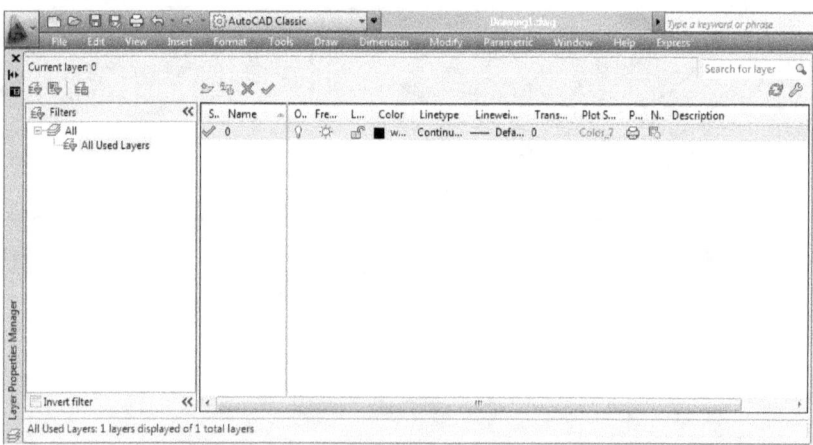

Primul buton din stânga-sus, „*New Property Filter*" permite crearea unor filtre de afişare a straturilor, pe baza uneia sau a mai multor proprietăţi comune ale acestora.

Prin acţionarea lui se deschide următoarea fereastră.

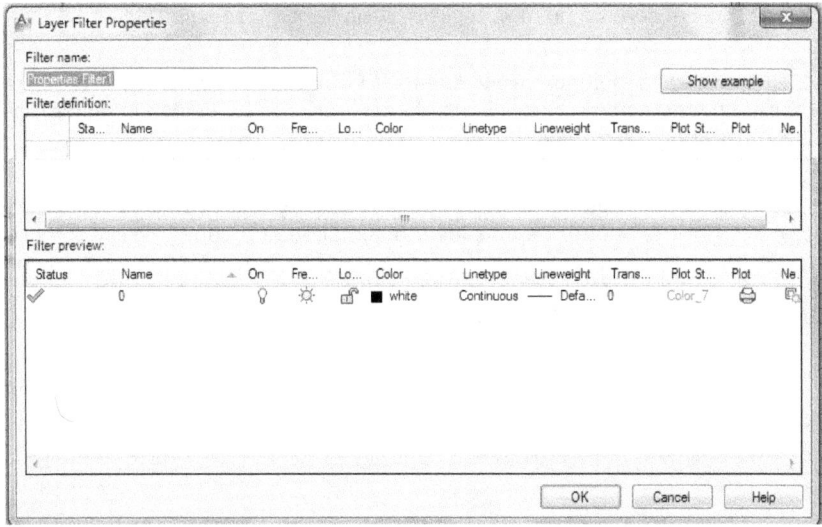

Al doilea buton din stânga-sus, „*New Group Filter*" permite construirea unui grup de filtrare bazat pe proprietăţile comune ale unor straturi sau obiecte selectate. Ori de câte ori acest buton va fi acţionat se vor deschide (creea) în fereastra de dialog „*Layer Properties Manager*" grupuri de filtrare, denumite implicit cu 1, 2, 3, etc...

Al treilea buton din stânga-sus, „*Layer States Manager*" permite salvarea setului de proprietăţi curente ale straturilor sub o denumire. Prin acţionarea lui se deschide următoarea fereastră:

Urmează un alt grup de patru butoane situate sus-central, primul dintre ele și al patrulea considerându-le și pe trimele trei, este butonul „*New Layer*" care creează straturi noi, ori de câte ori este acționat. El construiește straturi denumite în mod implicit „Layer1", „Layer2", „Layer3", etc., pe care apoi le putem redenumi după dorință imediat la crearea sa sau mai târziu. Stratele creeate nu sunt curente (în mod implicit), până când nu se setează.

Urmează butonul „*New Layer VP Frozen in All Viewports*" care creează un strat nou, pe care îl îngheață automat în toate formatele de ferestre mobile (viewports) existente.

Urmează butonul „*Delete Layer*" care șterge straturile selectate, nereferite (fără referințe). Se consideră automat straturi cu referințe (ce nu se pot șterge) stratul 0 (stratul implicit de pornire al formatului desenului), straturile ce conțin deja obiecte incluse (obiecte incluse în definirea blocurilor), stratul curent, stratul *DEFPOINTS*, și straturile ce conțin referințe de tip xref.

Urmează butonul „*Set Current*" care face ca stratul selectat să devină curent (stratul curent este cel cu care se lucrează efectiv în momentul luat în considerare).

Panoul din dreapta ferestrei „Layer Properties Manager" afișează atât straturile, cât și proprietățile lor. Aceste proprietăți sunt controlate de butoanele din partea superioară a ferestrei din dreapta (vezi imaginea de mai jos).

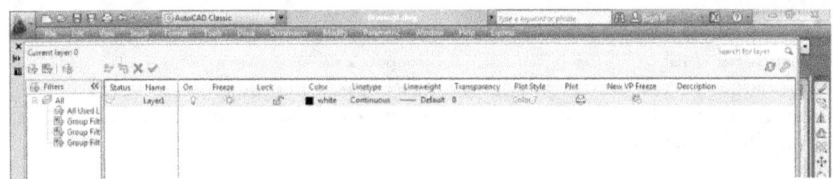

Status, indică tipul stratului: strat curent, strat în uz (conține obiecte), strat vid;

Name, arată numele stratului selectat (nume ce poate fi eventual modificat);

On (/Off), face un strat vizibil / invizibil;

Freeze (/Thaw), îngheață / dezgheață un strat făcându-l totodată și invizibil / vizibil (odată un strat înghețat programul AutoCAD ignoră entitățile de pe acel strat, ajutând astfel la o regenerare mai rapidă a desenului respectiv);

Lock (/Unlock), determină blocarea / deblocarea unui strat; un strat odată blocat, are total blocată posibilitatea editării obiectelor pe care le conține, proprietate importantă ce poate proteja modificarea accidentală a acestora;

Color, stabilește (sau modifică) culoarea entităților de pe un strat, prin acționarea asupra numelui culorii respective cu butonul mouse-ului;

Linetype, stabileşte (sau modifică) tipul de linie asociat stratului (similar culorii);

Lineweight, stabileşte (sau modifică) grosimea liniei asociată obiectelor de pe un strat;

Transparency, stabileşte (sau modifică) transparenţa stratului;

Plot Style, poate să asocieze (sau modifice) stratului un anumit tip (stil) de tipărire, definit anterior;

Plot (**/Don't Plot**), poate stabili stratul (straturile) dintr-un anumit desen, care vor fi (nu vor fi) tipărite;

New VP Freeze, îngheaţă un strat în toate formatele de ferestre mobile (viewports) nou creeate.

Description, este o comandă opţională, ce poate eventual să includă o scurtă descriere pentru un strat al unui desen, sau să le modifice pe cele existente deja pentru diversele straturi aparţinând desenului respectiv.

Observaţie importantă: La începerea unui desen se creează automat un strat 0, ce nu poate fi şters sau redenumit (el este stratul de bază asociat desenului respectiv şi poate să dispară numai odată cu desenul, adică prin ştergerea fişierului respectiv). Proprietăţile intrinseci (implicite) ale stratului 0 sunt: culoarea cu numărul de cod 7 (alb ori negru, în funcţie de fondul ecranului), tipul de linie continuă „continuous", grosimea liniei de 0.01 inci (0,25 mm), şi stilul de plotare corespunzător culorii.

Creearea şi sortarea straturilor

Creearea unui strat cu numele Axis, pentru liniile de axă din desen şi definirea acestuia ca strat curent.

1. Se activează comanda *LAyer*, prin tastare în linia de comandă sau prin alegerea pictogramei specifice din linia Layers.

2. În fereastra *Layer Properties Manager*, se acţionează butonul *New*.

3. Se tastează numele dorit pentru noul strat: Axis.

4. Se selectează pătrăţelul culorii asociate noului strat.

5. Din caseta de dialog *Select Color*, se alege culoarea Blue (albastru) şi se acţionează butonul *OK* al casetei.

6. Se acţionează cu mouse-ul asupra numelui tipului de linie curent asociat stratului (continuous).

7. În caseta de dialog *Select Linetype*, se activează butonul *Load*.

8. Din lista de dialog *Load or Reload Linetypes* se alege tipul de linie *Center*. Se acţionează butonul *OK* al listei.

9. În caseta de dialog *Select Linetype* apare şi noul tip de linie în lista liniilor disponibile. Se selectează şi apoi se acţionează butonul *OK* al casetei respective.

10. Se acţionează cu mouse-ul asupra grosimii de linie curent asociate stratului (default).

11. În caseta de dialog **Lineweight** se selectează **0,15 mm** şi se acţionează butonul **OK** al casetei.

12. Noul strat fiind selectat, se acţionează butonul **Current** al ferestrei **Layer Properties Manager**.

13. Se acţionează butonul **OK**.

Construcţia mai multor straturi

1. Se activează comanda **LAyer**.

2. În fereastra **Layer Properties Manager**, se acţionează butonul **New**.

3. Se tastează, separate prin virgulă numele a cinci noi straturi: **Thick**, **Thin**, **Dim**, **Hatch**, **Hidden**.

4. Se stabilesc rând pe rând proprietăţile celor cinci straturi noi creeate, după modelul prezentat anterior.

5. Se acţionează butonul **OK**.

Definirea unui filtru de selecţie pentru afişarea straturilor

1. Se activează comanda **LAyer**.

2. În fereastra **Layer Properties Manager** se acţionează butonul **New Properties Filter** (Alt+P), care are ca efect apariţia ferestrei **Layer Filter Properties** (vezi figura de mai jos).

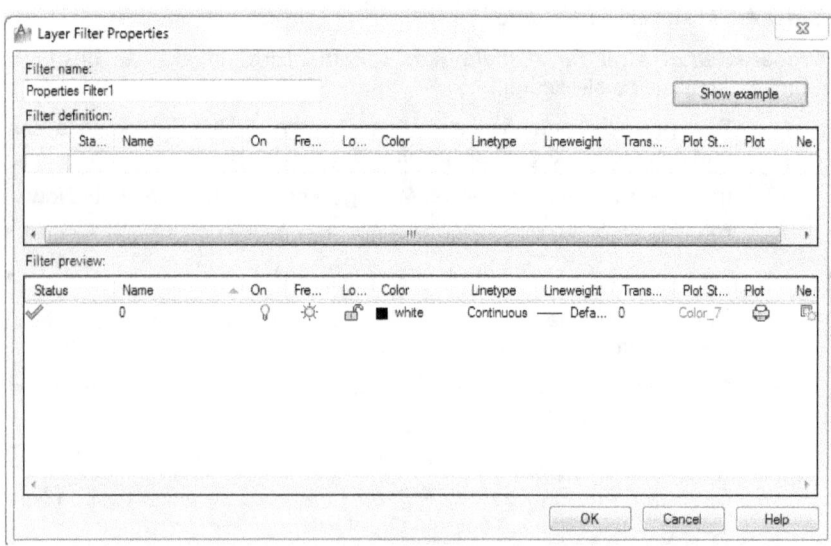

3. În caseta **Filter name** se tastează numele noului filtru; implicit **Properties Filter1**.

4. În tabelul *Filter Definition* se marchează proprietăţile care vor constitui filtrul de selecţie, prin acţionarea cu mouse-ul în interiorul celulei de tabel respective. În poza de mai sus nu se vede nici o linie completată deoarece nu există încă straturi creeate (construite) asupra cărora să se definească filtre ale unor proprietăţi comune.

   Când acestea există apare linia respectivă asupra căreia se vor marca proprietăţile respective ce vor constitui filtrul de selecţie. Pentru a selecta mai multe valori pentru aceeaşi proprietate, se completează încă o nouă linie, şi tot aşa.

5. În secţiunea *Filter preview* apare lista cu straturile care îndeplinesc criteriile alese (vezi figura de mai jos). În caseta din figura de mai sus care prezintă situaţia în care nu au fost încă creeate straturi, singurul strat existent fiind cel implicit 0, putem face o vizualizare a situaţiei proprietăţilor stratului 0 aşa cum au mai fost menţionate deja (starea activă a stratului 0, numele 0, culoarea alb, tipul liniei stratului continuă, grosimea ei, şi culoarea de plotare cod 7).

6. Se acţionează butonul *Apply* pentru a salva (aplica imediat) modificările efectuate, sau butonul *OK* pentru a salva modificările cu ieşire (cu închiderea ferestrei).

Exemplul 1:

Filtrul denumit „*ANNO*" afişează straturile care îndeplinesc toate criteriile următoare:

- Sunt în uz (în utilizare),

- Au un nume ce conţine şi caracterele „*anno*",

- Sunt **On** (vizibile).

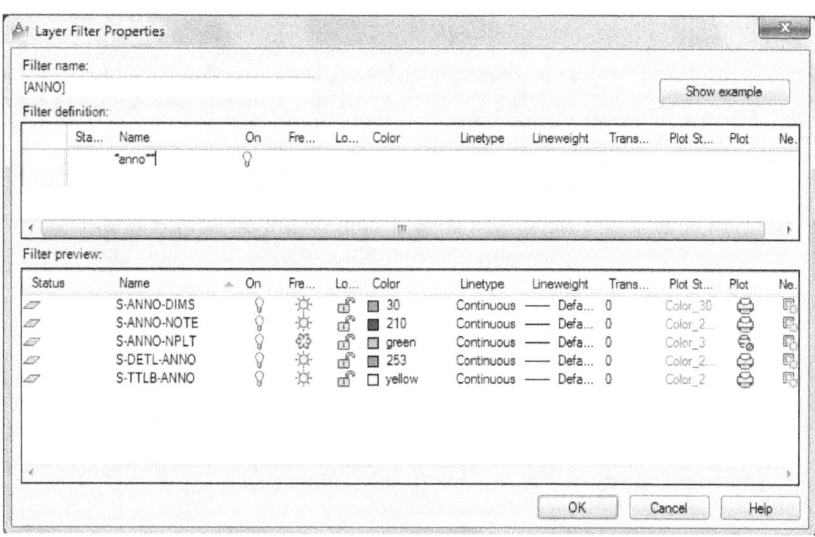

71

Exemplul 2:

Filtrul denumit „*RYW*" afişează straturile care îndeplinesc simultan toate criteriile următoare:

- Sunt **On** (vizibile),

- Sunt **Freeze** (îngheţate),

- Au culoarea roşie (red), galbenă (yellow), sau albă (white).

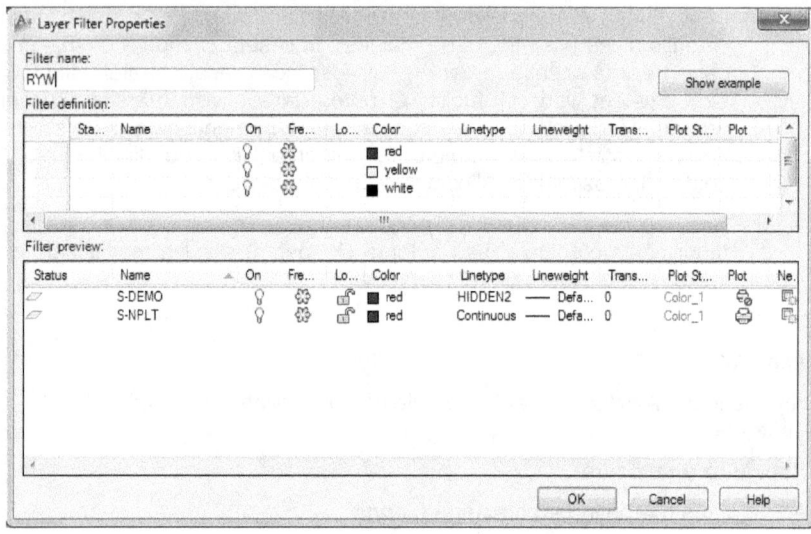

Definirea unui grup de straturi

1. Se activează comanda **LAyer**.

2. În fereastra **Layer Properties Manager** se acţionează butonul **New Group Filter**, care are ca efect apariţia, pe panoul din stânga, a unui nou grup vid – **Group Filter1** (vezi figura de mai jos).

3. În acelaşi panou se stabileşte afişarea tuturor straturilor, prin selectarea opţiunii All, aflată la rădăcina structurii ierarhice. Astfel, toate straturile din desen vor fi afişate pe panoul din dreapta. Dacă nu s-a creat încă nici un strat apare numai stratul 0 ca în figura de mai jos.

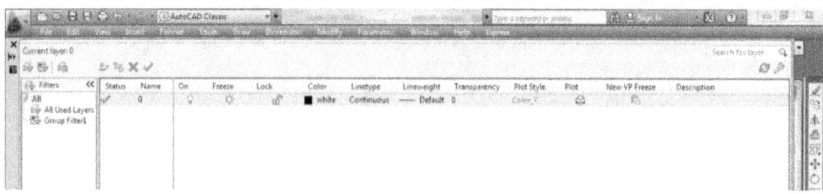

4. Când avem mai multe straturi creeate vor apare toate în panoul din dreapta. Se selectează pe panoul din dreapta spre exemplu straturile *Dim* şi *Hatc*, ţinând apăsată tasta *<Ctrl>*.

5. Se trag straturile selectate, cu mouse-ul, în panoul din stânga, în cadrul grupului *Group Filter1*.

6. Se selectează acum, pe panoul din stânga, grupul *Group Filter1*. Pe celălalt panou vor fi afişate doar straturile care au fost selectate şi fac acum parte din acest grup.

7. Dacă, de exemplu, se doreşte ca toate straturile din grup să fie invizibile, se acţionează cu butonul din dreapta al mouse-ului pe numele grupului, în panoul din stânga. Din meniul afişat se alege opţiunea Visibility/Off. Din acelaşi meniu se pot adăuga sau înlocui straturi în cadrul grupului.

Salvarea unei configuraţii de straturi

1. Se activează comanda *LAyer*.

2. În fereastra *Layer Properties Manager* se acţionează butonul *Layer States Manager* (Alt+S), care are ca efect apariţia ferestrei de dialog a comenzii (conform figurii de mai jos).

3. Se acţionează butonul *New*.

4. În noua fereastră de dialog se tastează numele sub care va fi salvată configuraţia (de exemplu *Configuratia_1*) şi o descriere a acesteia (de exemplu: *fără cote şi haşuri*). Apoi se acţionează butonul *OK*, după care se închide şi fereastra *Layer States Manager*, prin acţionarea butonului *Close*.

5. Se poate oricând să se revină la configuraţia salvată prin intermediul aceleiaşi ferestre *Layer States Manager*.

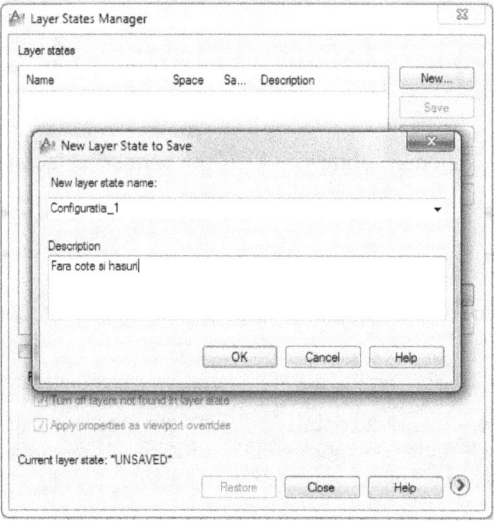

HAŞURAREA

Prin haşurare se înţelege acoperirea unei (unor) suprafeţe din desen cu un anumit model. Haşurarea are ca scop principal punerea în evidenţă a suprafeţelor rezultate în urma secţionării. AutoCAD oferă utilizatorilor un set de modele standard, precum şi posibilitatea definirii de către utilizator a unui model propriu de haşură format din linii paralele şi echidistante înclinate cu unghiul dorit.

Comanda **Hatch** permite stabilirea parametrilor de haşurare prin intermediul ferestrei de dialog **Hatch and Gradient** (vezi imaginea de mai jos).

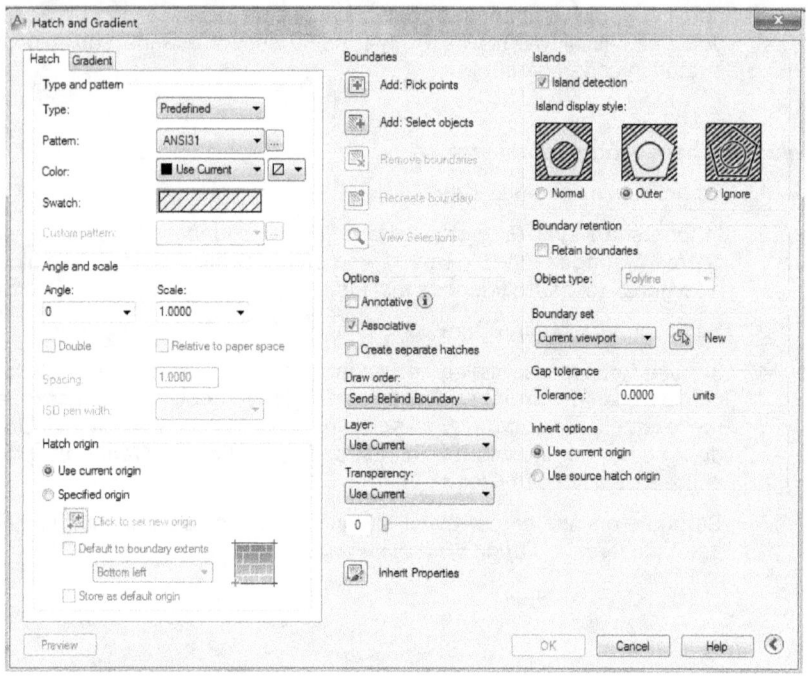

Foaia (secţiunea) **Hatch** a ferestrei permite selectarea următoarelor proprietăţi:

Type – reprezintă tipul haşurii, care poate fi:

    Predefined – modele de haşură predefinite, stocate în fişiere de haşuri implicite.

    User Defined – haşuri create pe loc, de către utilizator.

    Custom – haşuri selectate dintr-un fişier personalizat. Sunt tot create de utilizator, însă anterior momentului utilizării şi păstrate într-un anumit director (subdirector) pentru a putea fi accesate simplu atunci când sunt necesare.

Pattern – reprezintă numele modelului de haşură predefinit, din fişierul de haşuri implicite. Pătrăţelul din dreapta lui, cu trei puncte ca siglă, deschide o nouă fereastră *Hatch Pattern Palette* (vezi imaginea de mai jos) care permite alegerea unui tip de haşură.

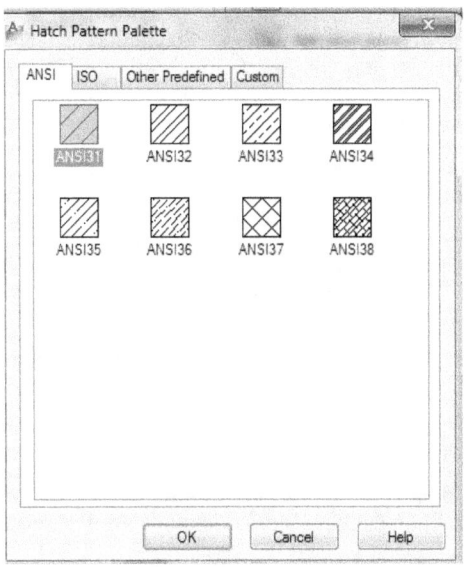

Color – permite schimbarea culorii (variabila de sistem *HPColor*).

Swatch – oferă un preview asupra haşurii alese.

Custom Pattern – reprezintă numele modelului de haşurare predefinit, din fişierele personalizate.

Angle – realizează orientarea haşurii relativ la axa X a UCS-ului curent.

Scale – scara de reprezentare a haşurii, în raport cu modelul implicit din fişierul de haşuri.

Double – permite realizarea dublei haşuri (pe direcţii perpendiculare) pentru haşurile create de utilizator.

Relative to paper space – scara de reprezentare a haşurii în raport cu dimensiunile spaţiului hârtie.

Spacing – spaţiul dintre haşuri pentru haşurile definite de utilizator.

ISO pen width – scara de reprezentare a haşurilor predefinite, de tip ISO.

Use curent origin – originea blocului de haşuri corespunde cu originea sistemului de coordonată UCS.

Specified origin – defineşte o nouă origine pentru haşuri, prin clic direct sau prin asociere cu zona haşurată.

Foaia (secţiunea) **Boundaries** a ferestrei permite selectarea următoarelor proprietăţi:

Add: Pick points – permite definirea suprafeţei de haşurat prin indicarea unui punct în interiorul acesteia. Suprafaţa respectivă trebuie să fie neapărat închisă. Zonele închise din interiorul unei suprafeţe ce va fi haşurată se numesc „insule". Acest procedeu de definire a suprafeţelor de haşurat permite detectarea automată a insulelor.

Add: Select objects – permite definirea suprafeţei de haşurat prin selectarea obiectelor care formează frontiera acesteia. Suprafaţa trebuie deasemenea să fie închisă. Acest procedeu nu permite detectarea automată a insulelor.

Remove boundaries – permite eliminarea unor porţiuni din conturul definit al suprafeţei ce va fi haşurată. Ajută la definirea precisă a zonei de haşurat în combinaţie şi cu alte opţiuni prezentate anterior.

Recreate boundary – permite păstrarea în desen a frontierelor suprafeţelor haşurate. Aceste frontiere se pot păstra sub formă de polilinii sau regiuni.

View Selections – determină părăsirea temporară a ferestrei de dialog, pentru vizualizarea zonelor selectate pentru a fi haşurate.

Annotative – e o opţiune care permite crearea unor haşuri cu proprietatea de adnotativitate, care pot fi scalate odată cu modificarea scării desenului.

Associative – e o opţiune ce permite definirea unei haşuri care fiind asociată obiectului haşurat se modifică automat odată cu modificarea acestuia.

Create separate hatches – e o opţiune care controlează modul în care sunt tratate haşurile realizate în cadrul aceleiaşi comenzi, pe mai multe obiecte, ca o singură entitate sau ca entităţi separate.

Caseta **Draw order** – permite definirea ordinii de suprapunere a haşurilor în raport cu alte obiecte din desen.

Layer – atribuie (asociază) noile obiecte haşurate unui strat specificat, independent de stratul curent; pentru a utiliza stratul curent se selectează „**Use Current**" (variabila de sistem HPLAYER).

Transparency – setează nivelul de transparenţă al noilor haşuri independent de nivelul de transparenţă al obiectului haşurat; pentru a păstra transparenţa haşurii identică cu cea a obiectului haşurat trebuie setată opţiunea „**Use Current**" (variabila de sistem HPTRANSPARENCY).

Inherit Properties – determină copierea proprietăţilor unei haşuri existente, în vederea utilizării pentru haşura curentă.

Opţiunea **Island detection** (variabila de sistem HPISLANDDETECTION) stabileşte variantele de haşurare a zonelor care conţin insule (vezi imaginea de mai jos):

- Stilul **Normal** – se haşurează orice suprafaţă închisă (insulă), dinspre exterior spre centru; dacă este întâlnită o zonă de text ea va fi ocolită (încadrată) de haşură.

- Stilul **Outer** – se haşurează doar prima suprafaţă închisă întâlnită, dinspre exterior spre interior.
- Stilul **Ignore** – se haşurează toată suprafaţa din interiorul conturului extrem (ignoră frontierele interioare).

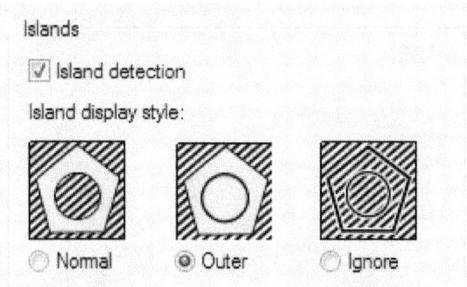

Zona **Boundary Retention** – permite reţinerea în desen (ca obiect separat) a frontierelor unei suprafeţe haşurate. Se poate stabili tipul acestui nou obiect: polilinie, sau regiune (variabila de sistem HPBOUNDRETAIN).

Zona **Boundary Set** defineşte mulţimi de selecţie în cadrul cărora sunt analizate frontierele zonei de haşurat. La indicarea zonei de haşurat prin selectarea unui punct interior, programul examinează toate obiectele din vederea curentă, pentru a detecta frontierele. Un nou set de selecţie poate fi creat prin butonul **New**.

Zona **Gap Tolerance** permite definirea unei toleranţe în cadrul căreia obiectele care nu sunt contururi închise pot fi aproximate ca fiind închise, pentru a putea totuşi să fie haşurate. Valoarea implicită a toleranţei este zero, caz în care numai contururile închise pot fi haşurate.

Zona **Inherit Options** (variabila de sistem HPINHERIT) permite alegerea originii haşurilor definite prin copiere, folosind procedeul **Inherit Properties**.

Dacă variabila de sistem FILLMODE este dezactivată (adică variabila de sistem FILLMODE are valoarea 0), obiectele de tip haşură devin invizibile indiferent de starea straturilor pe care se află. Pentru a se vedea efectul acestei variabile de sistem, după dezactivarea ei trebuie apelată comanda REGEN.

La selectarea unor suprafeţe haşurate, aria lor este calculată automat de sistem şi afişată, alături de alte proprietăţi, în cadrul ferestrei **Properties**.

Există posibilitatea modificării unor haşuri existente în desen, prin comanda **HATCHEdit**.

Din fereastra de dialog a comenzii, care este asemănătoare cu cea a comenzii **Hatch**, se aleg proprietăţile haşurii, care vor fi modificate. Comanda **HATCHEdit** poate fi activată rapid prin dublu clic pe haşura care va fi modificată.

Din panoul (secţiunea) *Gradient*, al ferestrei de dialog (vezi imaginea de mai jos) se pot defini parametrii culorii de umplere a unui contur, fiind posibile tranziţii de culoare, umbriri, etc. Opţiunile sunt asemănătoare cu cele din panoul *Hatch*.

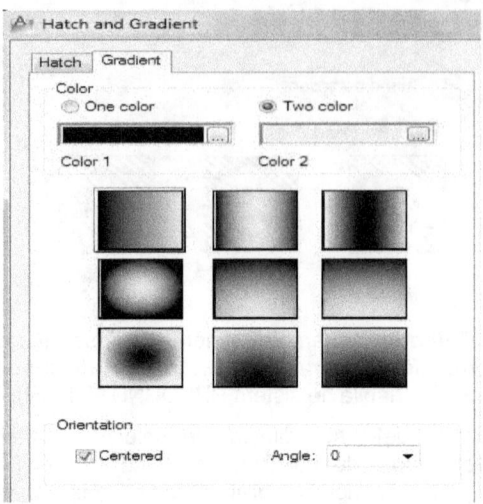

Exemple de cotare şi haşurare:

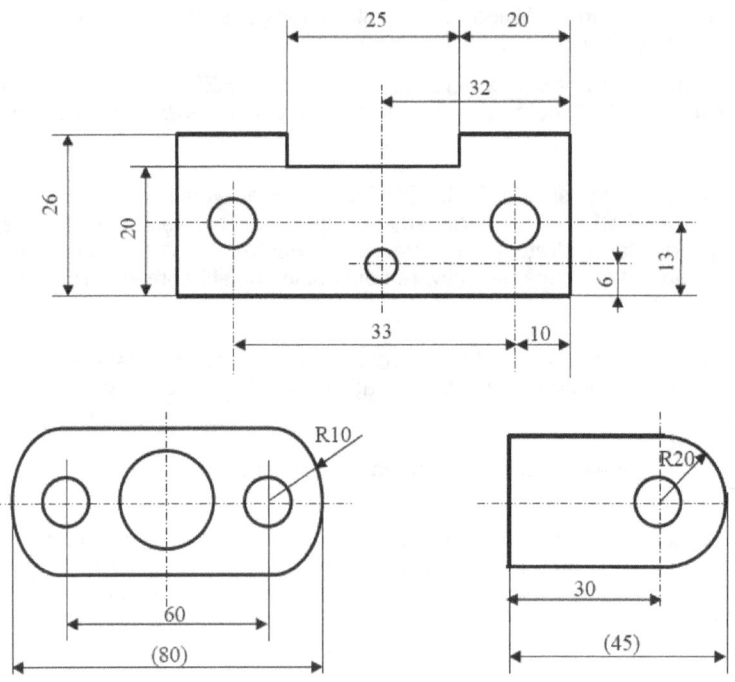

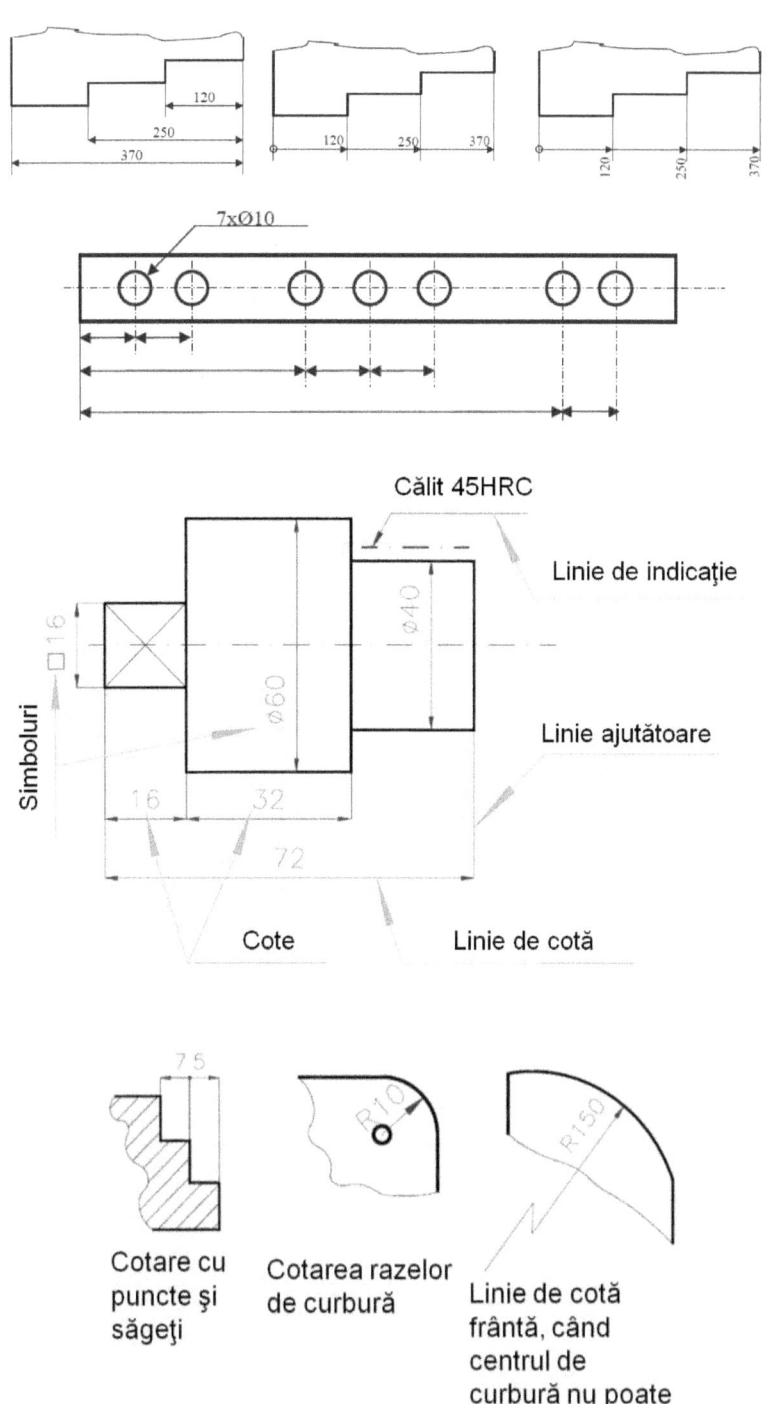

7xØ10

Călit 45HRC

Linie de indicaţie

Simboluri

□ 16

Ø 40

Ø 60

Linie ajutătoare

16   32

72

Cote   Linie de cotă

7 5

Cotare cu
puncte şi
săgeţi

Cotarea razelor
de curbură

R10

R150

Linie de cotă
frântă, când
centrul de
curbură nu poate
fi determinat

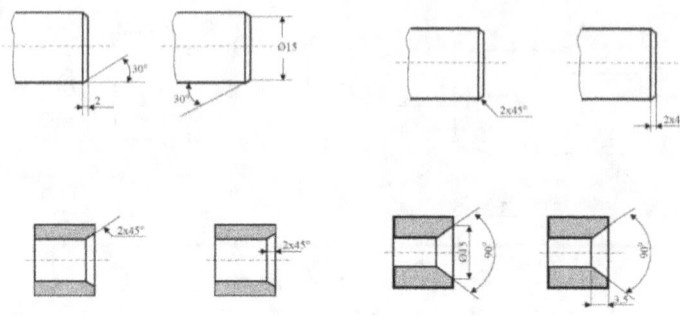

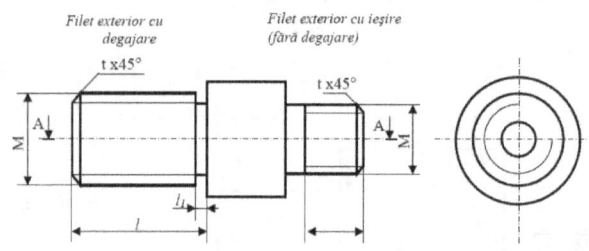

Filet exterior cu
degajare

Filet exterior cu ieșire
(fără degajare)

Filet interior cu ieșire
(fără degajare)

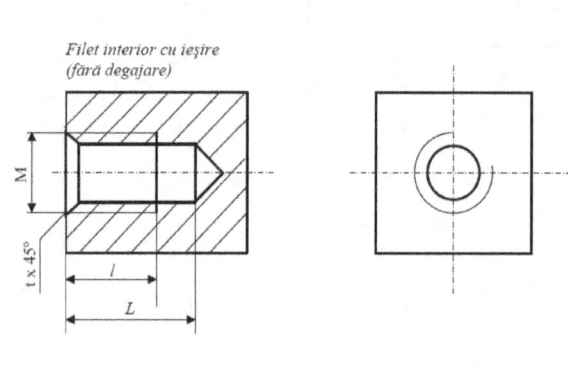

Filet interior cu degajare

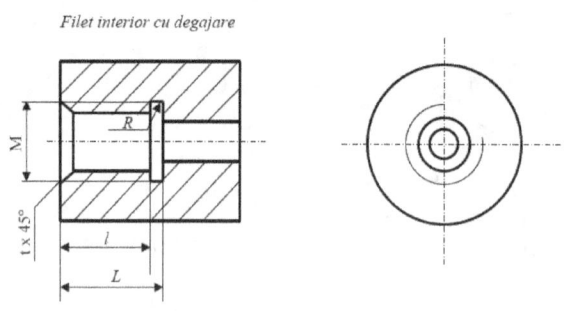

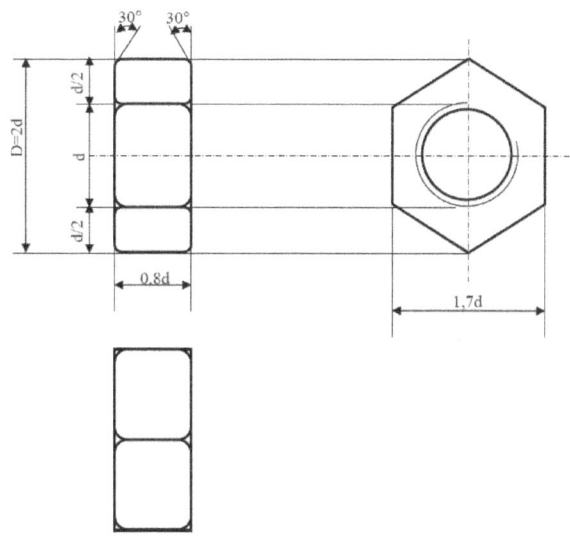

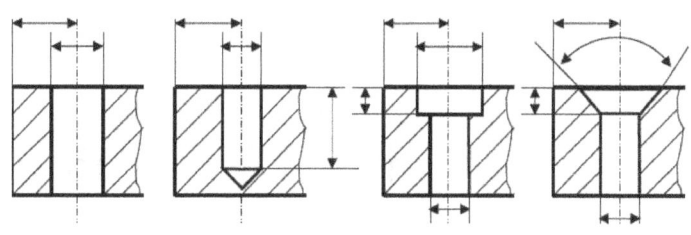

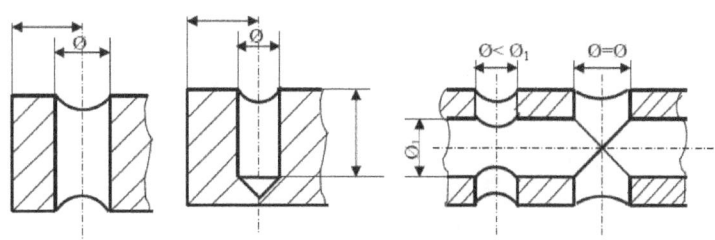

81

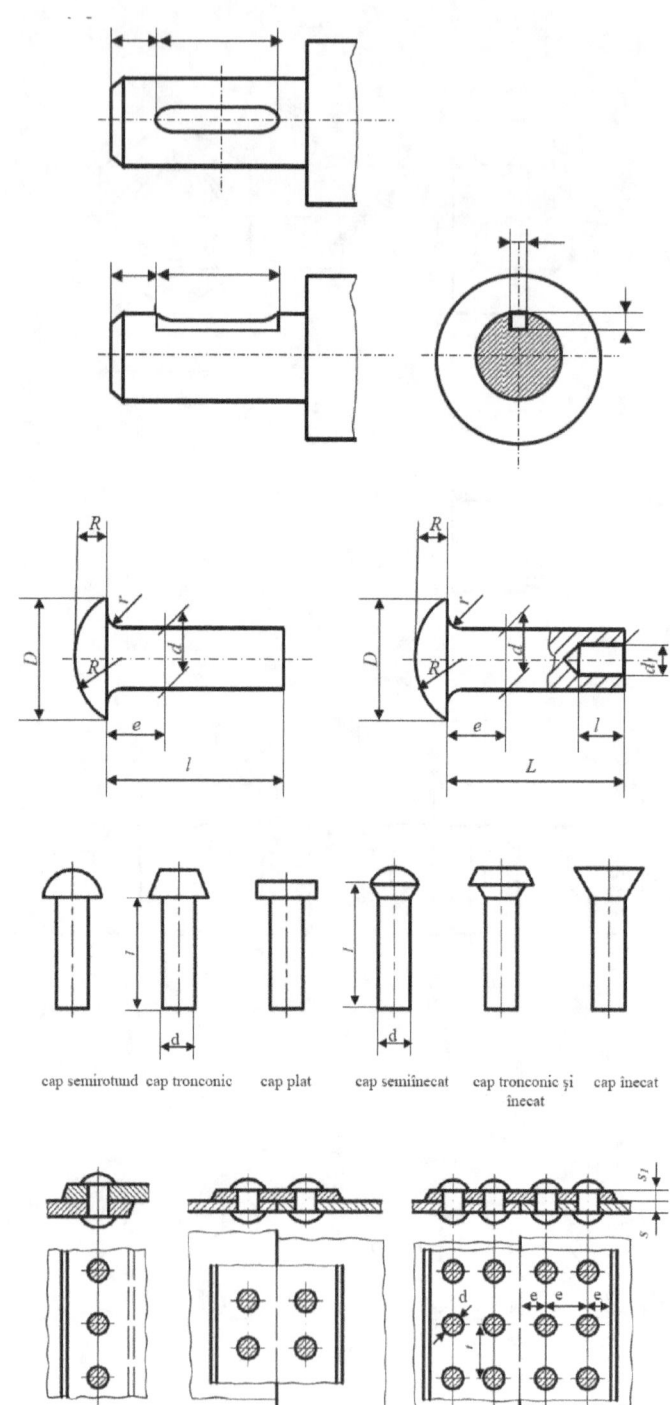

cap semirotund cap tronconic   cap plat   cap semiînecat   cap tronconic și   cap înecat

                                                                                                             înecat

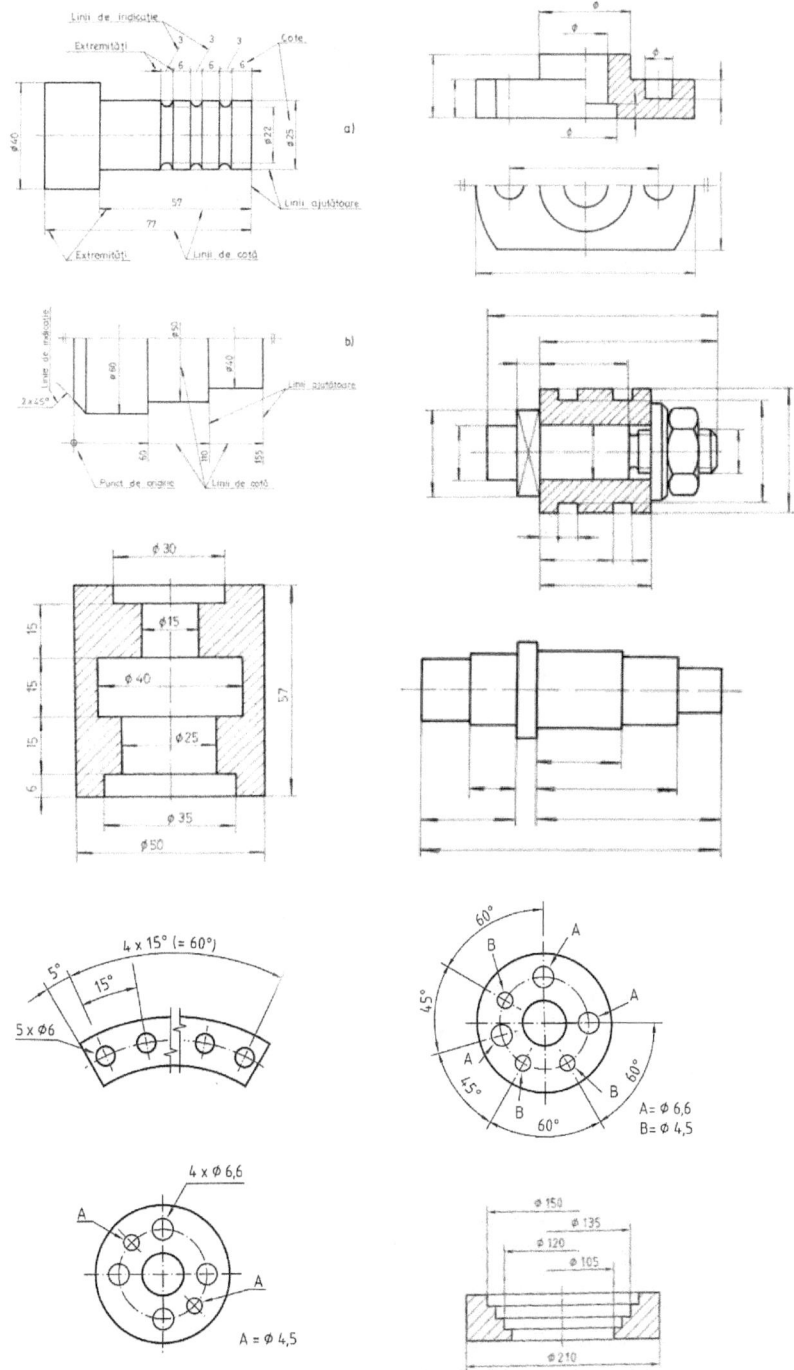

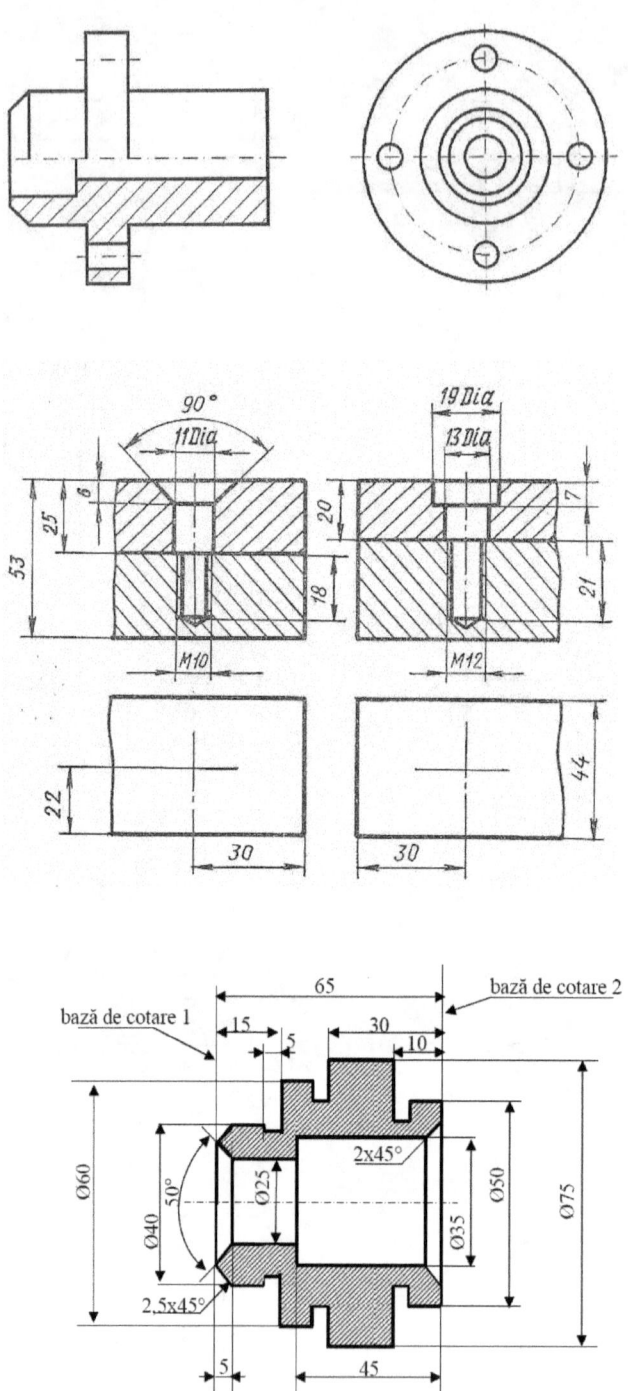

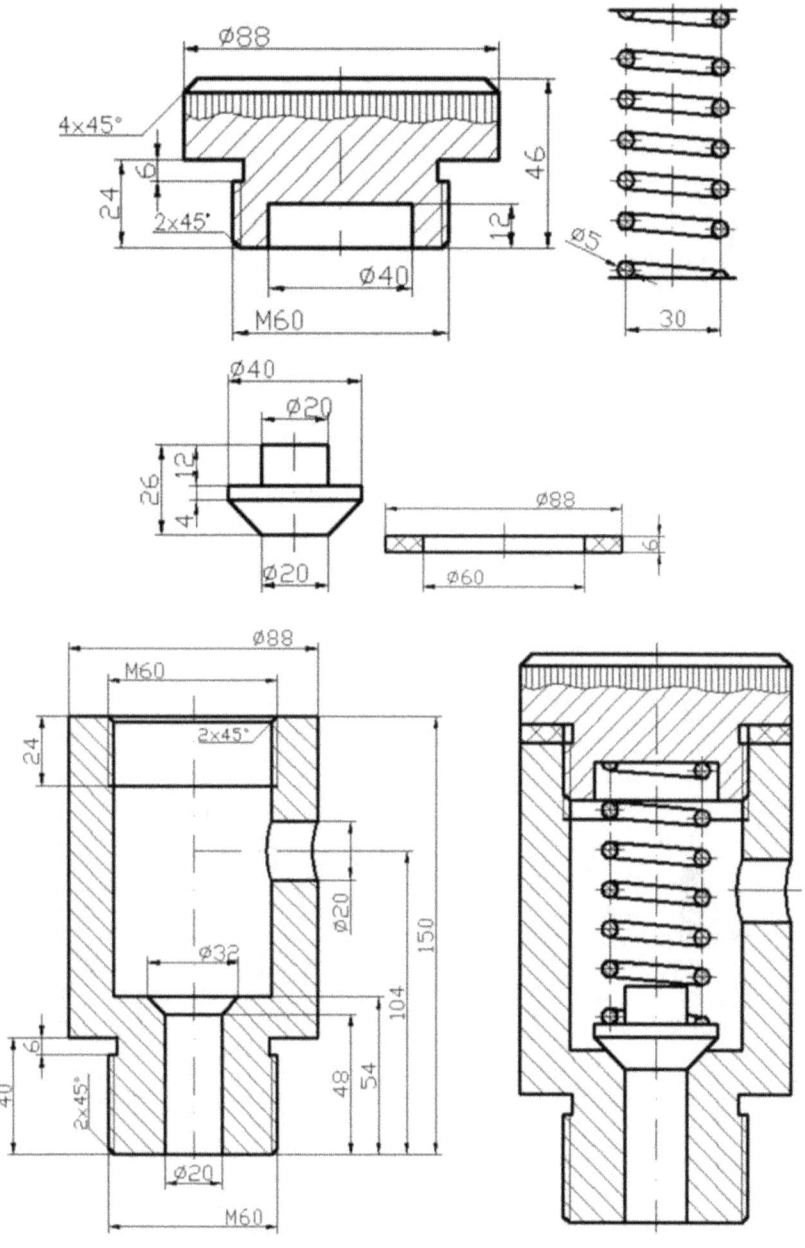

Flanșe

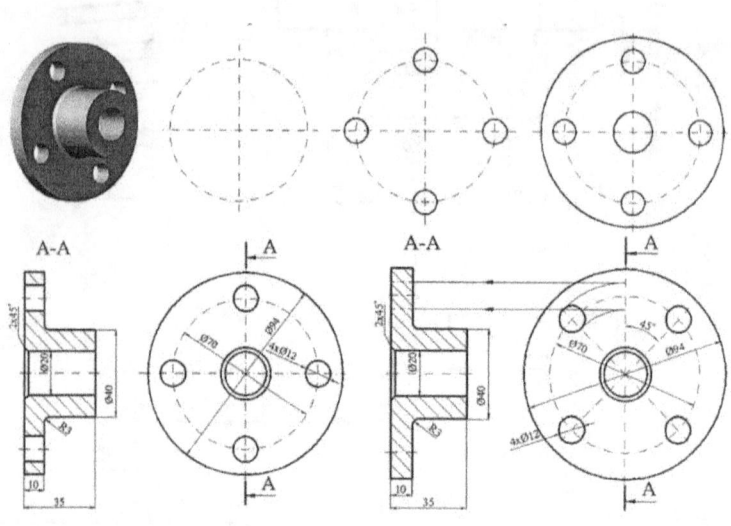

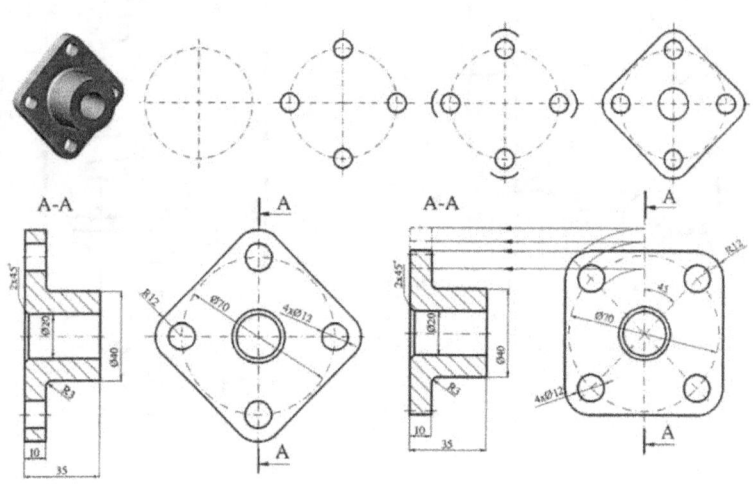

86

INTRODUCEREA TEXTULUI

Introducerea şi redactarea textului este o operaţie absolut necesară, orice desen tehnic pe lângă desenul propriu-zis conţinând şi texte în diferite forme. Instrumentele de manipulare a textelor din AutoCAD permit adăugarea şi accentuarea unor detalii ce nu pot fi evidenţiate doar prin desen.

Comanda Text – permite introducerea unor texte pe o linie sau pe mai multe linii, fiecare linie de text fiind tratată ca o entitate separată. Scrierea are loc caracter cu caracter, în mod dinamic (caracterele apar pe ecran simultan cu introducerea lor de la tastatură). Trecerea la scrierea pe rândul următor se face prin apăsarea tastei <Enter>.

Definirea stilului unui text

Înainte de a introduce un text într-un desen, se stabilesc caracteristicile acestuia.

Comanda *STyle* – permite crearea de noi stiluri de text şi modificarea celui existent.

Pentru inscripţionarea desenelor se recomandă folosirea fontului „*ROMANS*".

Ultimul stil creat este cel curent, deci cel care rămâne activ. Putem oricând, fie să schimbăm stilul curent, ori să indicăm un alt stil dar numai dintre cele predefinite cu comanda *STyle* (care poate fi lansată din bara cu instrumente *STyle* acţionând butonul 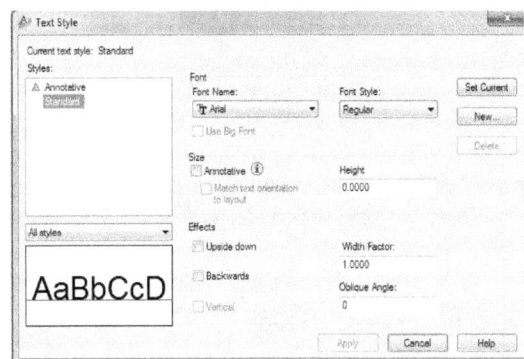, din meniul derulant *Format*, sau de la tastatură; se deschide caseta „*Text Style*", vezi figura de mai jos).

Caseta *Text Style* din poza de mai sus permite definirea caracteristicilor stilului de scriere. Un anumit stil poate fi activat prin butonul *Set Current*.

Butonul *New* al ferestrei permite crearea unui nou stil de text, prin intermediul unei alte ferestre de dialog în care se stabileşte numele noului stil.

Annotative – permite definirea de texte adnotative, care pot fi scalate.

Height – înălţimea literelor; dacă aceasta se trece (fixează) pe valoarea zero, atunci ea va putea fi stabilită la inserarea textului, stilul fiind fixat dar nu şi înălţimea care va putea lua valori diferite.

Upside down – scriere în oglindă, faţă de orizontală.

Backwards – scriere de la dreapta la stânga.

Vertical – scriere pe verticală (poate fi activată numai la anumite fonturi).

Width Factor – factorul de lăţime, care stabileşte proporţionalitatea caracterelor; raportul dintre lăţimea caracterelor şi înălţimea lor are implicit valoarea 1; o valoare supraunitară sau subunitară determină folosirea unor caractere lăţite, respectiv îngustate.

Oblique Angle – unghiul de înclinare al scrierii; valoarea 0 a unghiului de înclinare caracterizează scrierea fără înclinarea caracterelor; un unghi pozitiv sau negativ determină înclinarea lor spre dreapta respectiv spre stânga.

Apply – după stabilirea caracteristicilor stilului, se acţionează butonul Apply pentru ca ele să devină operaţionale.

Observaţie:

Modificarea caracteristicilor unui stil de scriere, fără a schimba numele stilului, are ca efect adaptarea tuturor textelor de pe desen conform cu noile caracteristici.

Introducerea textului

Scrierea efectivă a textului se poate face cu ajutorul comenzilor *Text*, *DText*, *MText*.

Text şi DText permit introducerea liniilor de text una câte una, fiecare din ele fiind considerată o entitate aparte; MText poate plasa în desen un paragraf întreg în cadrul unui spaţiu definit de utilizator, întregul paragraf fiind tratat ca o singură entitate.

Comanda *TEXt* poate fi lansată din bara cu instrumente Text, din meniul derulant *Draw→Text→Single Line Text*, sau de la tastatură; se afişează prompt-ul:

Current text style: „stilul curent" Text height: „valoare" Annotative: No (Yes)

Specify start point of text or [Justify/Style]:

Unde: opţiunea implicită constă în alegerea unui punct de unde să înceapă textul, după care se continuă prin:

Specify height <valoarea curentă>: se alege înălţimea de scriere;

Specify rotation angle of text <0>: se alege unghiul de înclinare al scrierii (panta liniei de bază a textului);

Enter text: se introduce textul dorit, urmat de apăsarea tastei <Enter>;

Enter text: se introduce textul din linia următoare, sau se tastează direct <Enter>, dacă nu se mai doreşte continuarea scrierii.

Opţiunea *Style* – permite specificarea stilului folosit pentru scrierea textului.

Opţiunea *Justify* are următoarele subopţiuni:

Align/ Fit/ Center/ Middle/ Right/ TL/ TC/ TR/ ML/ MC/ MR/ BL/ BC/ BR, unde:

Align – determină alinierea textului între două puncte alese de utilizator;

Fit – potriveşte textul între două puncte, păstrând înălţimea literelor, dar modificând factorul de lăţime, spre deosebire de Align, care schimbă şi înălţimea, pentru a păstra proporţiile;

Center – centrează textul pe orizontală, faţă de un punct ales, care va fi centrul liniei de bază a textului;

Middle – centrează textul, atât pe orizontală, cât şi pe verticală, prin indicarea unui punct, care va fi centrul dreptunghiului în care se va încadra textul;

Right – aliniază textul la dreapta, faţă de un punct;

Celelalte opţiuni permit alegerea marginilor superioară (Top), inferioară (Bottom), stânga (Left), dreapta (Right), ale textului, cât şi a punctelor sale de mijloc (Middle) şi de centru (Center).

Atunci când se începe introducerea textului, apare pe ecran un cursor care indică punctul de inserare a textului. Textul apare pe ecran pe măsură ce este tastat. La apăsarea tastei <Enter> se trece la rândul următor, care nu trebuie să fie neapărat sub primul, ci poate fi plasat oriunde pe ecran, prin punctarea cu mouse-ul.

Comanda *MText* permite plasarea în desen a unui întreg paragraf de text, într-un spaţiu definit de utilizator, tot textul paragrafului fiind considerat ca o singură entitate. Textul dorit se poate introduce de la tastatură, se poate importa dintr-un editor de text, sau se poate copia folosind memoria Clipboard, prin procedeele Cut/Paste sau Copy/Paste.

Comanda *MText* poate fi lansată din bara cu instrumente *Draw* acţionând butonul *A*, din meniul derulant *Draw→Text→Single Line Text*, sau de la tastatură: *MText* (*T, MT*). Ea afişează prompt-ul:

Current text style: „stilul curent" Text height: „valoare" Annotative: No (Yes)

Specify first corner: se indică un colţ al ferestrei de încadrare a textului;

Specify opposite corner or [Height/ Justify/ Line spacing/ Rotation/ Style/ Width/ Columns]: implicit, se alege colţul opus al ferestrei de încadrare; celelalte opţiuni permit alegerea unor caracteristici ale textului.

Introducerea textului se realizează cu ajutorul casetei de dialog *Text Formatting* (vezi imaginea de mai jos), în care se pot deasemenea seta caracteristicile textului; se pot utiliza mai multe stiluri şi dimensiuni în cadrul aceluiaşi obiect *MText*.

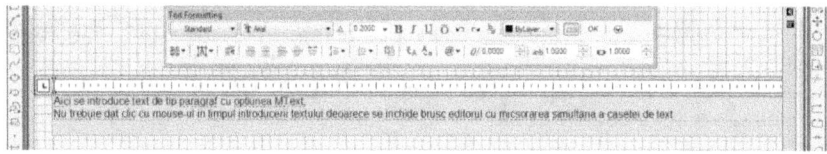

Aşa cum s-a mai arătat în cadrul capitolului despre cote şi toleranţe se pot introduce în AutoCAD caractere speciale generate de coduri de control: %%d pentru grade sexazecimale, %%p pentru plus/minus, %%c pentru simbolul diametru, etc. Pentru o listă mai completă de caractere speciale se apasă butonul ⊙ , poziţionat în dreapta-sus pe bara **Text Formatting**; la apăsarea lui se derulează un meniu cu diverse seturi de caractere, din care putem alege mai întâi setul, şi apoi caracterul dorit; putem derula de exemplu caracterele symbol ca în imaginea de mai jos.

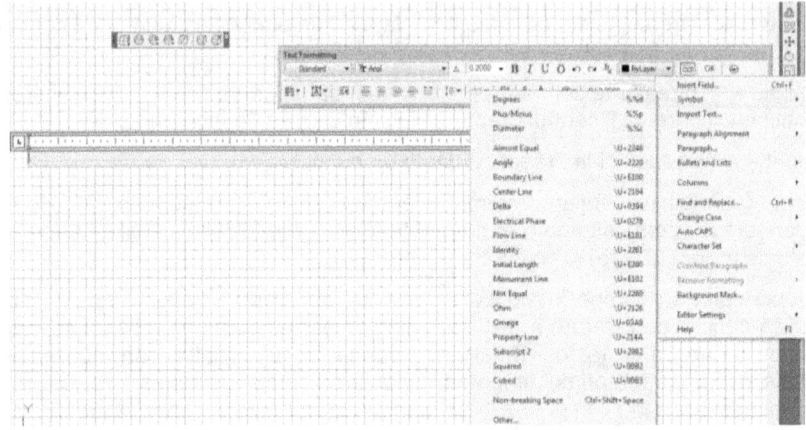

Editarea unui text

Modificarea unui text poate fi realizată prin comenzile **DDEDIT** şi **DDMODIFY**.

Comanda **DDEDIT (ED)**, după selectarea textului care trebuie modificat (**Select an annotation object**), deschide caseta de dialog **Text Formatting**, în care se pot face modificările dorite.

Comanda **DDMODIFY** deschide caseta de dialog **Modify Properties**, în care se pot schimba şi alte proprietăţi (layer, tip de linie, poziţie pe ecran, etc.).

Se pot utiliza şi comenzi specifice unui editor de text: căutarea şi înlocuirea textului – comanda **FIIND**, verificarea ortografică – comanda **SPell**.

E bine să se utilizeze întotdeauna un strat separat (special) pentru text.

Modul în care textul este oglindit de comanda MIrror este controlat de variabila de sistem **MIRRTEXT**. Dacă aceasta este setată pe valoarea 1 oglindirea se face normal. Atunci când MIRRTEXT are atribuită valoarea 0 oglindirea se transformă în copiere.

PUNCTE FILTRATE GEOMETRIC

Punctele filtrate permit utilizarea coordonatelor unor puncte deja existente pentru determinarea unor noi puncte. Deci prin filtre se înţelege o selecţie de puncte exprimate prin litera (literele) uneia sau a două coordonate (din cele trei posibile), precedate de un punct. În aceste condiţii filtrele pot fi: **.X, .Y, .Z, .XY, .XZ, .YZ.** Introducerea acestor puncte se poate realiza de la tastatură sau apăsând simultan tasta **SHIFT** şi butonul drept al mouse-ului.

Introducerea acestor filtre aduce în zona de dialog prompt-ul „*of*" solicitându-se precizarea punctului de la care se vor reţine coordonatele impuse. Punctele vor fi selectate printr-un mod **OSNAP** (deja activat, setat) adecvat.

Pentru precizarea completă a noului punct vor fi solicitate, prin prompt-ul specific în zona de dialog, restul coordonatelor (**need .YZ** sau **.XZ** sau **.X** sau **.Y**).

Exemplu de utilizare a punctelor filtrate.

Cerinţă: Fiind date entităţile tip cerc şi punctele P1 şi P2 (din figura de mai jos) să se traseze un segment de dreaptă orizontal care conţine centrul cercului şi are capetele în dreptul punctelor P1 şi P2.

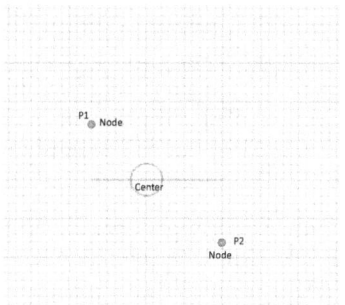

Rezolvare:

Command: **LINE**

line Specify first point: **.X**

of: **NODe** (se selectează P1 cu mod OSNAP **NODe**)

of (need **YZ***):* **CENter**

of: se selectează cercul cu mod OSNAP **CENter**

Specify next point or [Undo]: **.XZ**

of: **NODe** (se selectează P2 cu mod OSNAP **NODe**)

of: (need y): **CENter**

of: se selectează cercul cu mod OSNAP **CENter**

Specify next point or [Undo]: <Enter>

DEFINIREA PROPRIETĂŢILOR OBIECTELOR

Proprietăţile obiectelor (culoarea, tipul şi grosimea liniei) pot fi cele implicite (ale stratului), sau pot fi definite explicit.

Alegerea culorii de desenare, independent de cea setată pentru stratul suport, se face prin comanda **COLor**, care afişează fereastra de dialog „Select Color" din figura de mai jos.

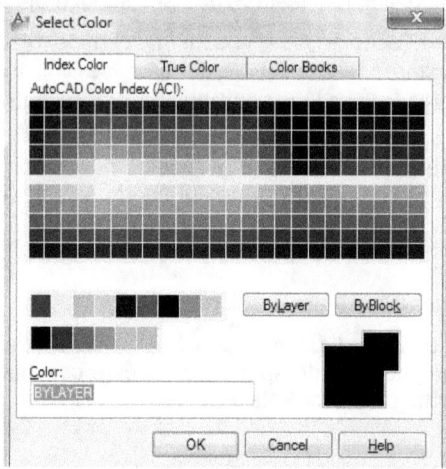

Se pot alege culori standard sau combinaţii ale acestora. Deasemenea se poate selecta culoarea implicită (a stratului) utilizând opţiunea ByLayer, sau culoarea unei entităţi complexe de tip bloc apăsând ByBlock. Culorile pot fi alese din diversitatea de palete expusă în fereastră.

Alegerea tipului de linie, independent de strat, se face prin comanda **LINEType** care afişează fereastra „Linetype Manager" de mai jos (fereastră ce a mai fost prezentată în cadrul cursului).

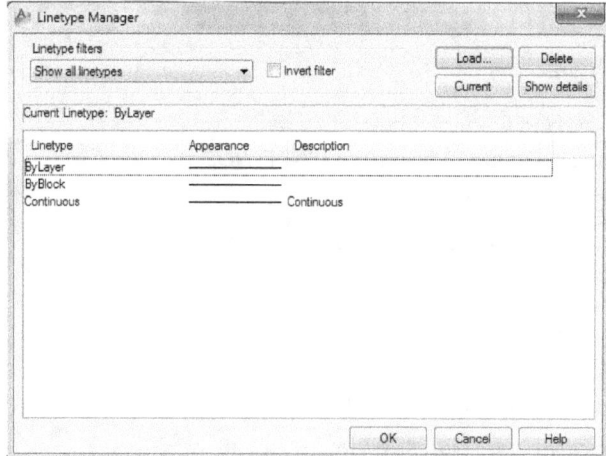

Butoanele „Load"/"Delete" încarcă(/descarcă) în(/din) memorie unele tipuri de linie. „Current" stabileşte un anumit tip de linie selectat din memorie, ca fiind linia curentă de desenare pe strat (indiferent de setările implicite ale stratului respectiv). „Show(/Hide) details" controlează afişarea în zona inferioară a ferestrei a unei secţiuni ce detaliază proprietăţile tipului de linie selectat.

Observaţie: În funcţie de factorul de mărire cu care este afişat desenul, este posibil ca liniile de alt tip decât linia continuă să nu se diferenţieze pe desen. Pentru afişarea corectă a liniei este în acest caz necesară modificarea factorului de scară al tipului de linie, prin opţiunea **Global Scale Factor** (valabilă pentru toate tipurile de linie existente în desen), respectiv prin opţiunea **Current Object Scale** (valabilă doar pentru obiectele ce vor fi desenate în continuare). Opţiunea **Use Paper Space Units for Scaling** permite ca factorul de scară din spaţiul hârtie să fie identic cu cel din spaţiul model (adică hârtia afişată electronic). Opţiunea **ISO Pen Width** setează factorul de scară al tipului de linie conform valorilor standardului ISO. În tabelul de mai jos sunt prezentate principalele tipuri de linie conform standardelor ISO actuale.

Denumire	Aspect	Utilizare
Linie continuă groasă	▬▬▬▬▬▬	Contururi şi muchii reale, vizibile
Linie continuă subţire	_____	B1 – Muchii fictive, vizibile B2 – Linii de cotă B3 – Linii ajutătoare B4 – Linii de indicaţie B5 – Haşuri B6 – Conturul secţiunilor suprapuse B7 – Linii de axă scurte B8 – Linii de fund la filetele vizibile B9 – Linii teoretice de îndoire
Linie continuă subţire ondulată	∿∿	Linii de ruptură
Linie continuă subţire în zigzag	⌇⌇	Linii de ruptură
Linie întreruptă groasă	▬ ▬ ▬ ▬	Contururi şi muchii acoperite
Linie întreruptă subţire	_ __ __ _	Contururi şi muchii acoperite
Linie punct subţire	— · — · —	G1 – Linii de axă G2 – Trasee ale planurilor de simetrie G3 – Traiectorii G4 – Suprafeţe de rostogolire
Linie punct mixtă	▬ · — · ▬	Traseele planurilor de secţiune
Linie punct groasă	▬·▬·▬·▬	Indicarea suprafeţelor cu prescripţii speciale
Linie două puncte subţire	— ·· — ·· —	K1 – Conturul pieselor învecinate K2 – Poziţii intermediare şi extreme ale pieselor mobile K3 – Liniile centrelor de greutate K4 – Conturul iniţial al pieselor K5 – Părţi situate în faţa planului de secţiune

Alegerea grosimii de linie, se face cu comanda *LINEWeight* care afişează fereastra „Lineweight Settings" de mai jos.

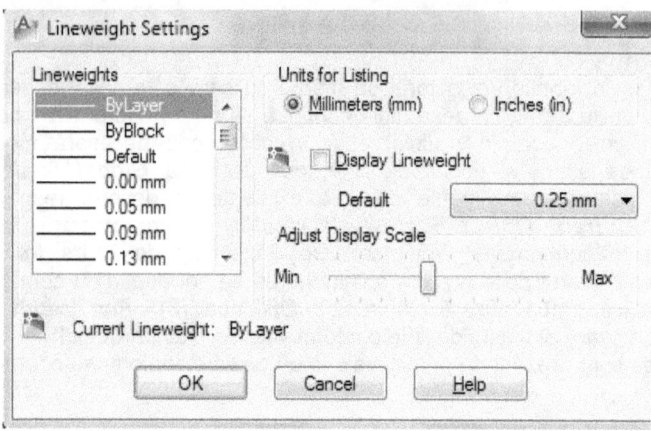

Se aleg grosimea liniei şi unitatea de măsură.

Afişarea grosimii liniei pe desen se face prin bifarea casetei „Display Lineweight"; ea mai poate fi controlată şi cu ajutorul butonului LWT din linia de stare.

Opţiunea *Default* permite alegerea dintr-o listă a grosimii de linie pentru fiecare strat, setată implicit (iniţial) pe 0.01 inches (0,25 [mm]).

Cu ajutorul potenţiometrului liniar „Adjust Display Scale" se poate controla scara de afişare a grosimii de linie în spaţiul model (pe hârtia electronică).

Opţiunile privind straturi, culori, tipuri şi grosimi de linie, pot fi selectate rapid prin intermediul liniilor de comenzi situate în partea superioară a ecranului AutoCAD (vezi figura de mai jos).

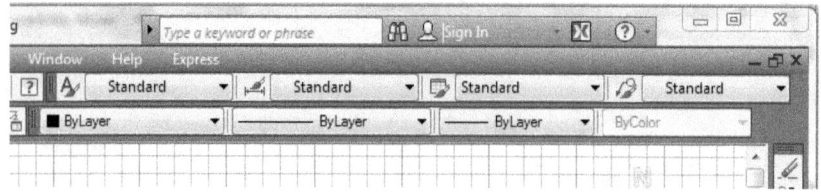

MODIFICAREA PROPRIETĂŢILOR OBIECTELOR

O metodă eficientă pentru a schimba proprietăţile obiectelor din desen constă în folosirea comenzii **PRoperties**, prin selectarea pictogramei din linia comenzilor standard, prin selectarea numelui comenzii din meniul Tools, sau prin tastarea lui direct în linia de comandă. Se deschide fereastra „Properties" din figura de mai jos, ce afişează proprietăţile obiectului selectat, oferindu-ne astfel posibilitatea modificării lor. Atâta timp cât fereastra a fost deschisă şi nu s-a selectat nici un obiect ea va indica „No selection" (ca în figura de mai jos) şi va afişa în continuare proprietăţile generale ale desenului. Dacă sunt selectate mai multe obiecte simultan se vor afişa în fereastră doar proprietăţile lor comune.

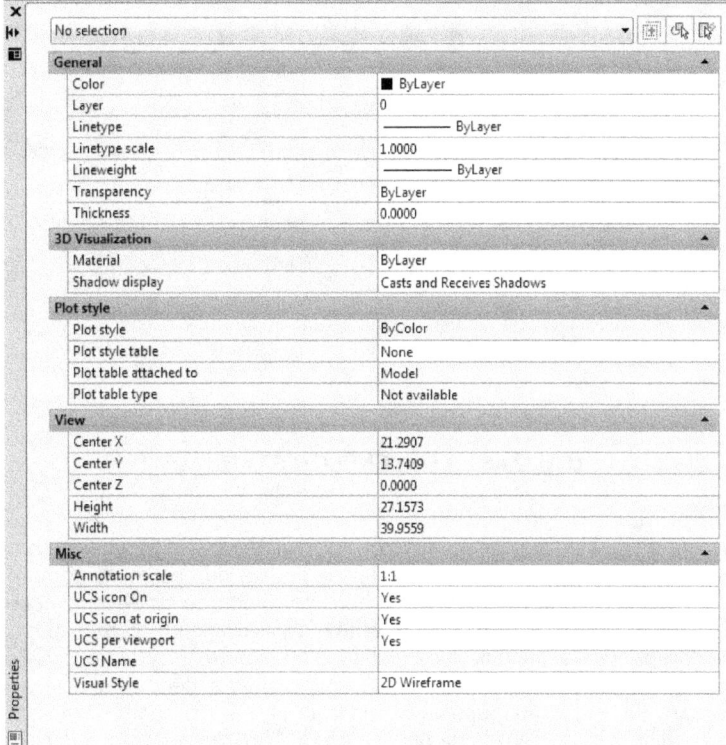

O altă posibilitate de a modifica proprietăţile unui obiect constă în folosirea comenzii **CHANge**. Pe prompterul comenzii se poate decide, alegând opţiunea Properties, ce proprietăţi vor fi modificate şi care vor fi menţinute (păstrate).

O modalitate utilă de a defini proprietăţile unui obiect este aceea de a copia proprietăţile de la un alt obiect deja existent (desenat). Se utilizează comanda **MAtchprop**, care ne cere indicarea unui obiect sursă şi a unui (unor) obiect (e) asupra căruia (cărora) se va acţiona.

Din prompterul comenzii după selectarea obiectului sursă, se pot alege (prin introducerea sau selectarea opţiunii **Settings,** care deschide o casetă de dialog **Property Settings**, vizibilă în figura de mai jos), proprietăţile asupra cărora va acţiona comanda.

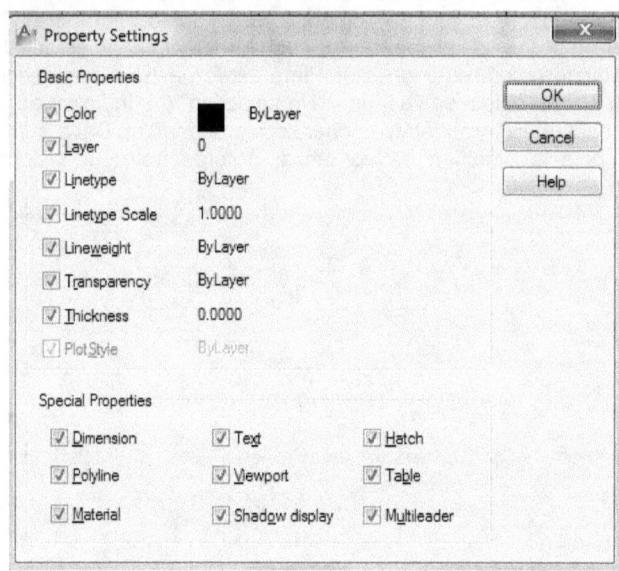

UTILIZAREA DESENELOR STANDARD

O altă facilitate oferită de AutoCAD constă în definirea unor proprietăţi comune (straturi, tipuri de linii, stiluri de text, stiluri de cotare) şi gruparea lor într-un desen standard. Prin asocierea acestor standarde cu desenul curent se poate controla dinamic (în permanenţă) dacă desenul curent păstrează anumite proprietăţi comune impuse (existente şi în desenul standard). Se poate în acest fel să se conserve un anumit stil unitar, chiar şi pentru proiecte diferite, noi, la care lucrează mulţi specialişti (individual, sau în comun). În astfel de cazuri se utilizează comenzile meniului grafic **CAD Standards**.

Pentru a crea un model standard (un desen care să fie utilizat ulterior ca model de pornire standard pentru alte desene) se acţionează New din meniul File, pentru deschiderea unui nou desen, se definesc elementele standard (de bază, comune) ce vor fi utilizate apoi în diverse desene (straturi, tipuri de linii, stiluri de text, stiluri de cotare, etc), se activează apoi din meniul File comanda Save As, care deschide caseta (fereastra) de mai jos, în care se alege ca nume (la „File name:") spre exemplu „Standard_1", iar ca tip de desen (la „Files of type:") „AutoCAD Drawing Standards" de extensie „*.dws". Se acţionează apoi „Save" (ca-n figura de mai jos).

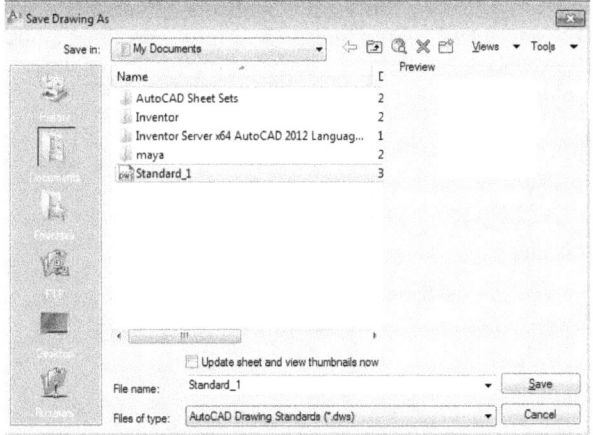

Odată creat și stocat, modelul (desenul standard) va putea fi utilizat ori de câte ori este necesar prin asocierea lui desenului curent. Pentru aceasta, aflându-ne în desenul curent, este suficient să tastăm în linia de comenzi **STAndards**, comandă care deschide fereastra „Configure Standards" de mai jos.

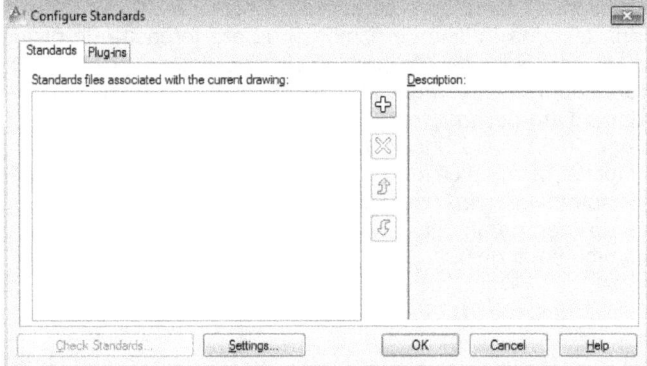

Se acționează apoi (imediat) butonul +, fapt ce produce deschiderea unei alte ferestre (ca-n figura de mai jos), din care se poate deschide modelul standard dorit (selectăm Standard_1 și apoi clic pe „Open").

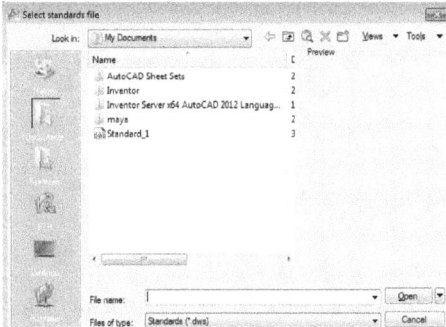

Suntem readuși în fereastra „Configure Standards", unde acum a apărut deja desenul model „Standard_1" sub formă de fișier standard asociat desenului curent. Dacă se dorește asocierea mai multor standarde desenului curent se repetă pașii anteriori. Apoi se acționează butonul OK.

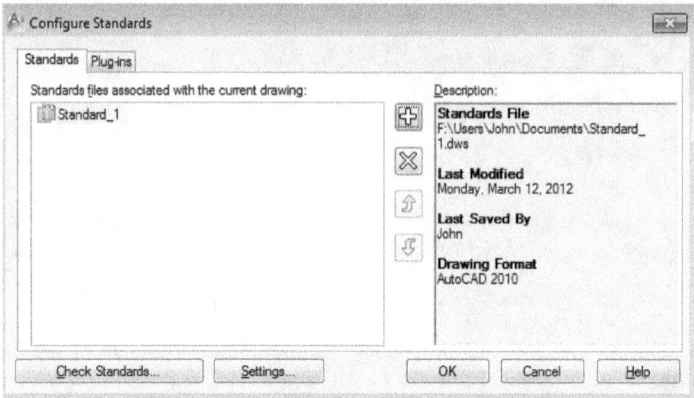

Pentru a verifica desenul curent din punct de vedere al respectării standardelor impuse (asociate), se activează comanda **CHEckStandards** (de exemplu prin tastarea în linia de comenzi). Apare fereastra de dialog „Check Standards" în care sunt trecute problemele depistate și posibilul lor mod de soluționare automat sau manual. În desenul de mai jos neexistând neconcordanțe între desenul (curent) și standardul (standardele) impus(e), nu apar probleme în fereastra Check Standards, iar în căsuța „Check Standards – Check Complete" se arată că s-au găsit 0 probleme, din care un număr de 0 au fost fixate automat, un număr de 0 au trebuit să fie fixate manual, și problemele totale ignorate (nereparate nici automat și nici manual, nefiind neconcordanțe majore) sunt în număr de 0.

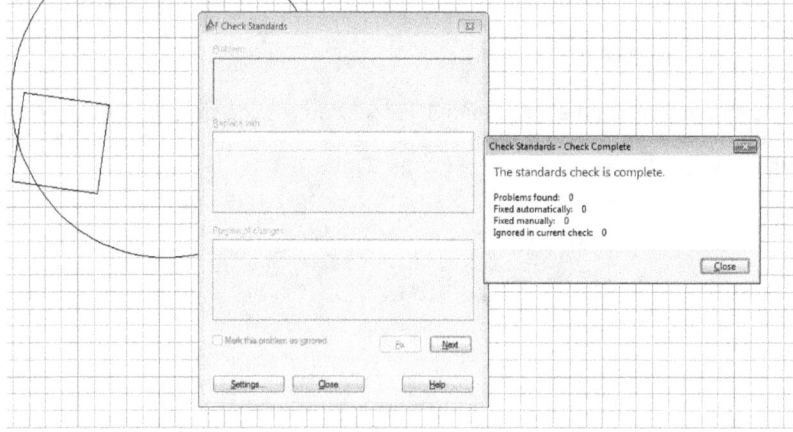

Precizare: dacă neconcordanțele ar fi existat, ele ar fi fost expuse toate în caseta „Problem:".

Observație: Dacă dorim pornirea rapidă a comenzilor **STAndards**, respectiv **CHEckStandards**, putem să le acționăm (ca-n figura de mai jos) din meniul „**Tools**"→„**CAD Standards**", plus „**Configure...**", respectiv „**Check...**".

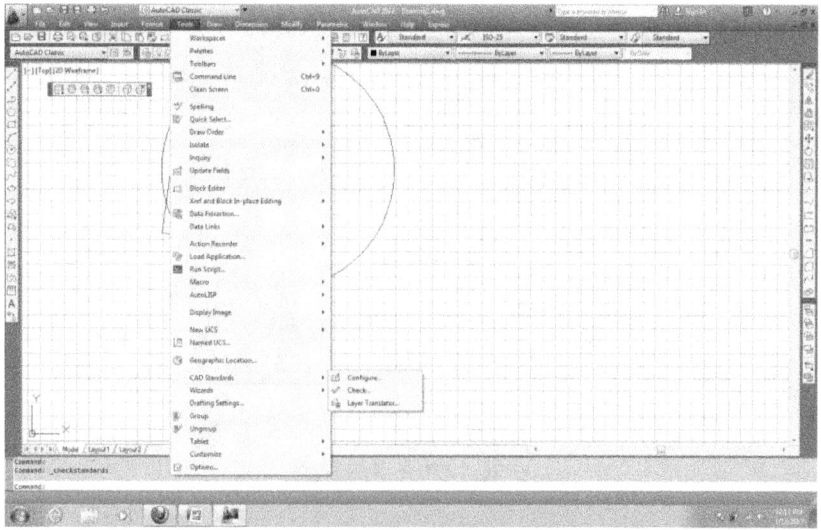

...sau, să introducem bara de unelte „**CAD Standards**" (ca-n figura de mai jos): acționăm „**Tools**"→„**Toolbars**"→„**AutoCAD**"→„**CAD Standards**". După acționare ea va fi bifată (ca-n figura de mai jos), și va apărea undeva pe ecran (aici în stânga-centru).

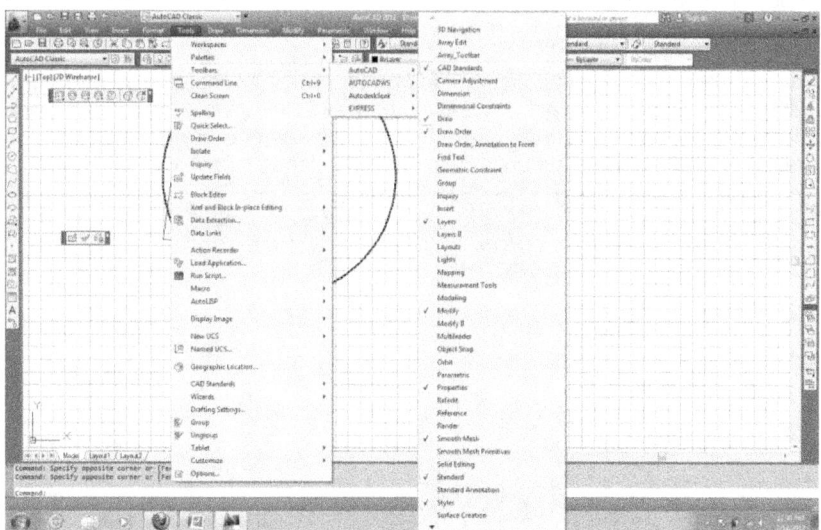

Apoi bara de unelte CAD Standards poate fi trasă oriunde pe ecran.

Mai corect ar fi, să fie inserată şi imobilizată în bara de meniuri de sus, în stânga barei ByLayer (de exemplu) ■ ByLayer ▼, ca-n figura de mai jos.

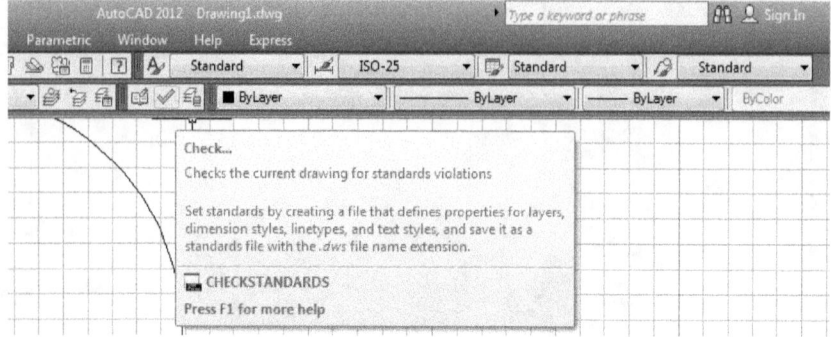

UTILITARUL PALETE

O altă facilitate oferită de AutoCAD o reprezintă posibilitatea organizării celor mai des folosite comenzi de desenare, tipuri de haşuri, entităţi de tip bloc, referinţe externe, etc, în palete utilitare (cu instrumente), sau cu alte entităţi, ori utilizări. Acestea au marele avantaj de a putea fi construite şi modificate după preferinţe, cât şi de a se putea introduce în desen şi poziţiona în locul preferat, într-o formă adaptată corespunzător.

Tot o paletă gata construită (de un tip special) o reprezintă şi *utilitarul AutoCAD „DesignCenter"*. Aceasta poate fi introdusă în desen, prin acţionările: *„Tools"→„Palettes"→DesignCenter"*, ca-n figura de mai jos, sau direct prin acţionarea scurtăturii (combinaţiei de clape): *<Ctrl>+2*.

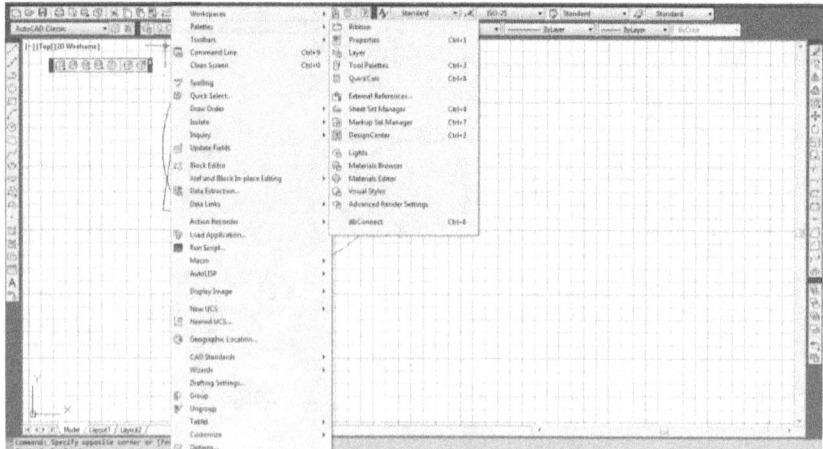

Se deschide paleta de tip fereastră „*DesignCenter*" (vezi figura de mai jos) care este gândită asemeni unui *manager de fişiere* modern (ca: *Norton Utilities*, *Windows Explorer*, *Computer*, etc), ea ajutând şi la lucrul în echipă, aducând facilitatea ca, în desenul curent, să fie previzualizate şi apoi folosite, fiind introduse prin tragere în spaţiul desen, sau tehnica copy-paste, diverse elemente comune, existente deja, de tip standard, desenate în prealabil, sau luate din biblioteci, importate (inclusiv din alte programe), etc.

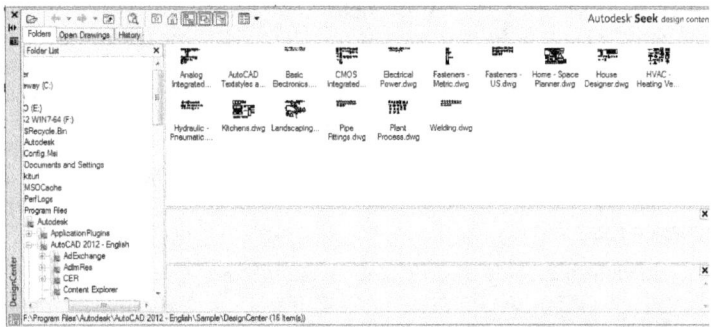

Se pot încărca în desenul curent, prin simpla lor tragere în desen cu mouse-ul, desene gata executate, figuri, piese, poze, părţi de desene, sau diverse alte elemente, ele devenind apoi părţi componente ale desenului curent.

O metodă eficientă de lucru o reprezintă organizarea celor mai des folosite comenzi de desenare grupate în *palete cu unelte de lucru*, prin funcţia „*Tool Palettes*", care este tot o paletă, astfel încât o putem activa prin: „*Tools*"→„*Palettes*"→*Tool Palettes*" (conform figurii de mai jos); sau prin scurtătura: <*Ctrl*>+3.

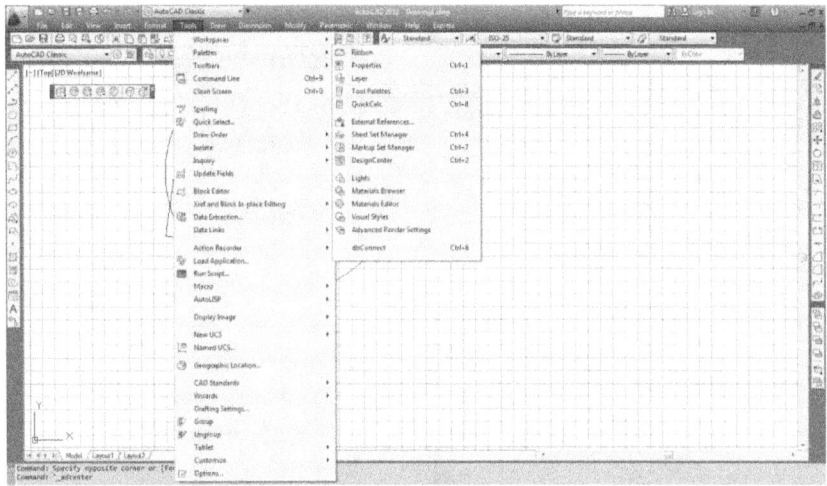

Se deschide fereastra *„Tool Palettes – All Palettes"* (vezi figura de mai jos, din stânga), care conține în stânga mai multe foi gata construite, și implicit este setată pe foaia *„Modeling"* poziționată inițial în stânga, în partea cea mai de sus a utilitarului.

Clic dreapta cu mouse-ul pe spațiul paletelor și se deschide un meniu rapid (vezi poza de mai jos din dreapta), din care putem alege și executa diverse operații și setări. Pentru a se afișa mai multe comenzi rapide trebuie să dăm clic dreapta doar pe bara utilitarului (totuși deși sunt mai multe, unele din cele anterioare dispar). Alegem *„New Palette"* și scriem de la tastatură numele unei noi palete, spre exemplu „Custom palette 01" după care tastăm <Enter>. Se creează noua paletă inserată între prima *„Modeling"* și următoarea *„Constraints"*. Putem deci să creem palete cu *„New Palette"*, să ștergem palete cu *„Delete Palette"*, să le redenumim cu *„Rename Palette"*, sau să le personalizăm (aranjăm și organizăm) cu *„Customize Palettes..."*.

Mai putem să adăugăm o casetă în care să inserăm un text dorit în locul indicat de cursor de pe paleta (foaia afișată în momentul respectiv), la apăsarea lui *„Add Text"*. Similar putem introduce o linie orizontală separatoare cu *„Add Separator"*.

Dacă bifăm *„Auto-hide"* utilitarul se va vedea pe desen numai sub forma unei bare verticale, pe care trebuie să o atingem pentru a apare toată paleta. *„Anchor Left <"* sau *„Anchor Right >"* ancorează utilitarul la stânga respectiv la dreapta foii de desen *sub forma unei bare* (la ancorare se activează automat și funcția *„Auto-hide"*); dacă ancorăm utilitarul la stânga, foile lui (paletele) fac rocada cu bara, foile mutându-se în dreapta și lăsând bara în stânga; la ancorarea la dreapta ele fac o nouă rocadă revenind în forma din figura de mai jos. Ancorarea utilitarului (stânga sau dreapta) este posibilă numai atunci când este bifată opțiunea *„Allow Docking"* (Permiteți Andocarea).

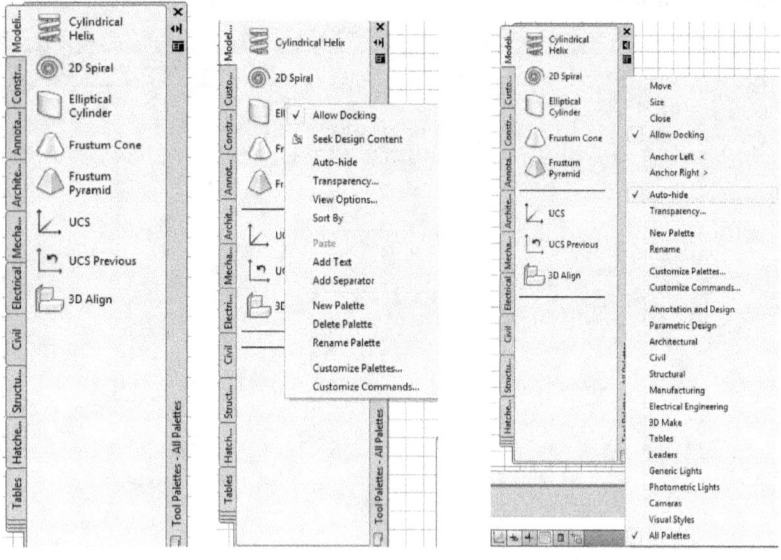

"*Transparency...*" deschide o casetă de dialog care permite reglarea transparenței paletei în aspectul ei „general" (când este tot timpul vizibilă), cât și pentru situația „Auto-hide" adică atunci când apare „Rollover" (doar la atingerea barei). Jos sunt și două căsuțe ce pot fi bifate. Bifarea primei „Apply these settings to all palettes" face ca setările de transparență să devină active în toate paletele (variabila de sistem **APPLYGLOBALOPACITIES**), iar bifarea celei de-a doua determină eliminarea totală a transparenței la toate paletele (variabila de sistem **GLOBALOPACITY**). Cum cele două căsuțe acționează în mod contradictoriu, ele nu pot fi bifate simultan; a doua o anulează oricum pe prima!

Când alegem personalizarea unei palete, „*Customize Palettes...*", se deschide fereastra „Customize" de mai jos, cu două panouri. Prima observație (importantă) pe care ne-o oferă panoul din stânga este faptul că există mai multe palete predefinite decât cele pe care le observam pe utilitar (unde erau concentrate în partea din stânga-jos); panoul din stânga ne relevă 21 palete utilitare predefinite de sistemul AutoCAD 2012, înșirate de sus în jos de la „Modeling" până la „Visual Styles".

Cele mai utile sunt: Modeling (modelare), Constraints (constrângeri), Annotation (adnotare), Hatches and Fills (hașuri și umpleri), Command Tool Samples (șabloane pentru unelte de comandă), Draw (unelte de desenare), Modify (comenzi de editare), etc.

Panoul din stânga permite selectarea unor palete pentru a fi trase și grupate în „grupuri de palete" constituite pe panoul din dreapta. Se pot adăuga sau elimina rând pe rând palete la grupurile deja existente, ori se pot crea sau elimina grupuri noi de palete.

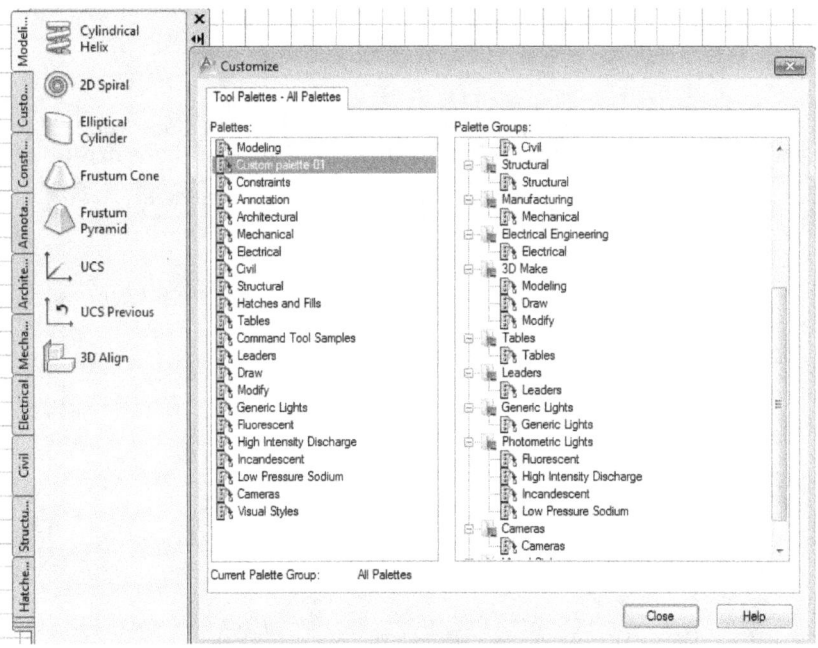

Dacă se dorește crearea unui nou grup de palete într-un anumit loc, în panoul din dreapta „Palette Groups:" acolo unde se poziționează cursorul se dă clic dreapta cu mouse-ul și se creează un grup nou care se denumește de pildă „New Work Group" (vezi imaginea de mai jos). În continuare tragem (pe rând) trei palete din stânga în grupul nou creat: „Draw", „Modify" și „Hatches and Fills". Apoi dăm clic pe close, pentru a închide fereastra.

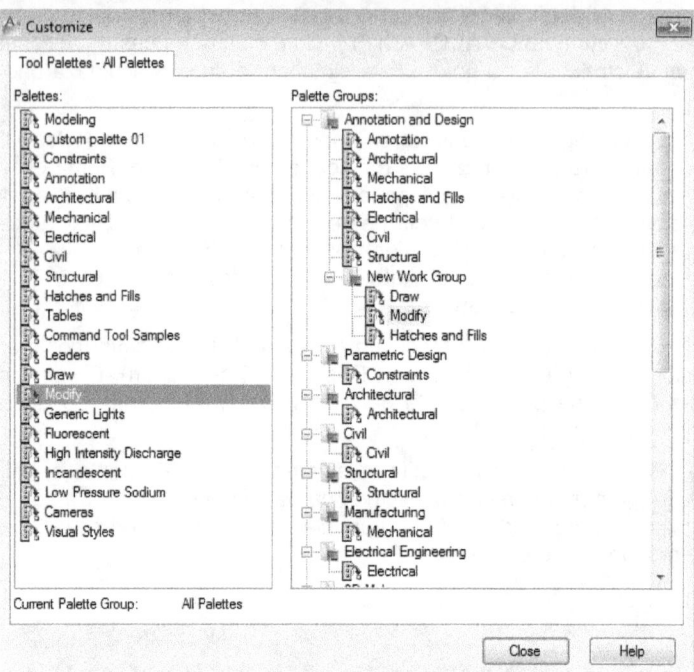

Fereastra „**Customize**" mai poate fi deschisă (accesată) și cu secvența **Tools→Customize→Tool Palettes** (conform figurii următoare).

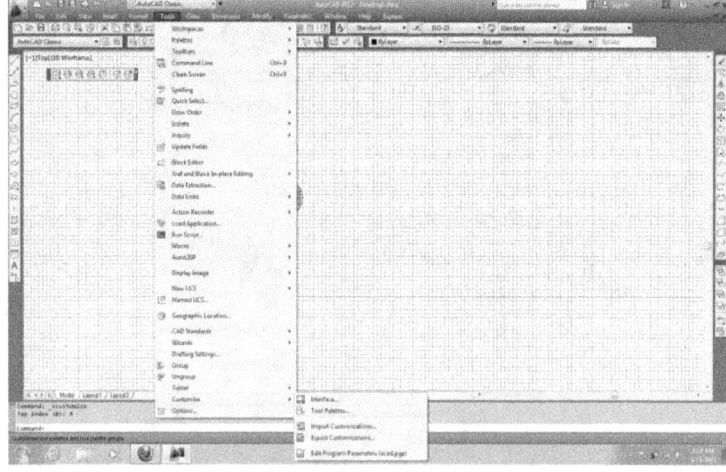

Pentru aranjarea unei palete (de exemplu cea nou creată) se dă clic dreapta pe ea și se alege „*Customize Commands...*".

Se deschide fereastra „*Customize User Interface*" (vezi figura de mai jos), din care putem trage comenzi (direct) în panoul (foaia) paletei. Se pot trage nu doar comenzi, ci și unelte, șabloane, funcții, atât din panoul CUI „*Customize User Interface*", cât și din diversele bare cu unelte, sau comenzi, existente pe suprafața desenului; practic orice icon vizibil poate fi tras în paleta respectivă atâta timp cât fereastra CUI e încă deschisă (activă).

Dacă ne-am răzgândit putem șterge unele comenzi proaspăt aduse din paletă cu clic dreapta→delete. Comenzile din paletă pot fi trase și rearanjate oricum se dorește.

Orice operații cu comenzi (unelte, etc) într-o paletă nu afectează comanda respectivă și sau locațiile ei vechi; practic prin tragerea în paletă comenzile se copiază doar, fără afectarea originalului.

În noua paletă creată s-au tras comenzile 3D Mirror, Mirror, Hatch..., și uneltele de desenare Circle și Donuț (vezi imaginea de mai jos).

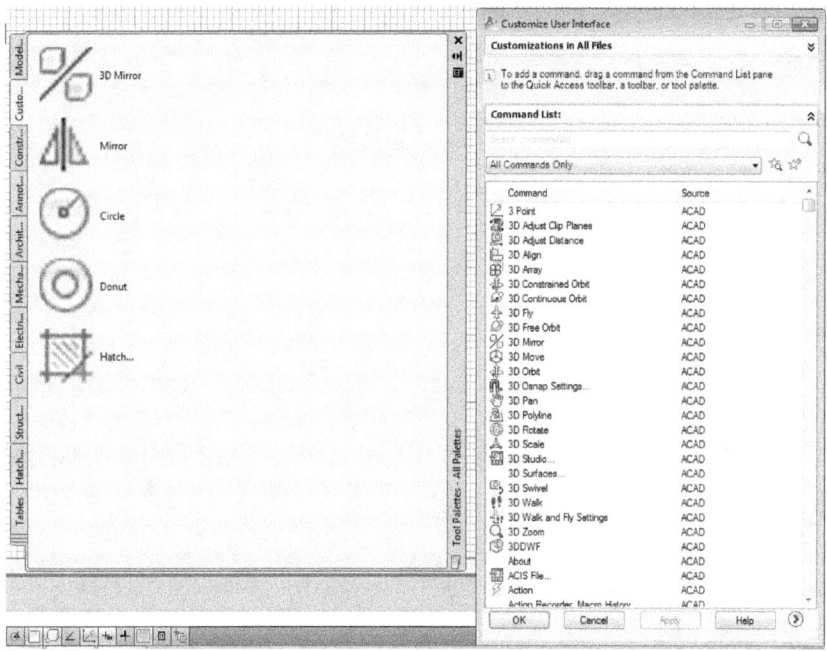

Se închide apoi fereastra CUI.

BLOCURI ȘI ATRIBUTE. DESENUL PROTOTIP

Blocurile (în AutoCAD) sunt entități construite din mai multe obiecte identificate de AutoCAD printr-un nume specificat de utilizator.

Comanda **Block** (**Make Block**) poate fi lansată din bara cu instrumente Draw acționând butonul , din meniul derulant **Draw→Block→Make...** având iconul , sau de la tastatură introducând în linia de comenzi: **Block** sau **B**, **Bmake**, **Bmod**.

Se deschide fereastra „**Block Definition**" de mai jos, care permite definirea blocului ce urmează a fi creat.

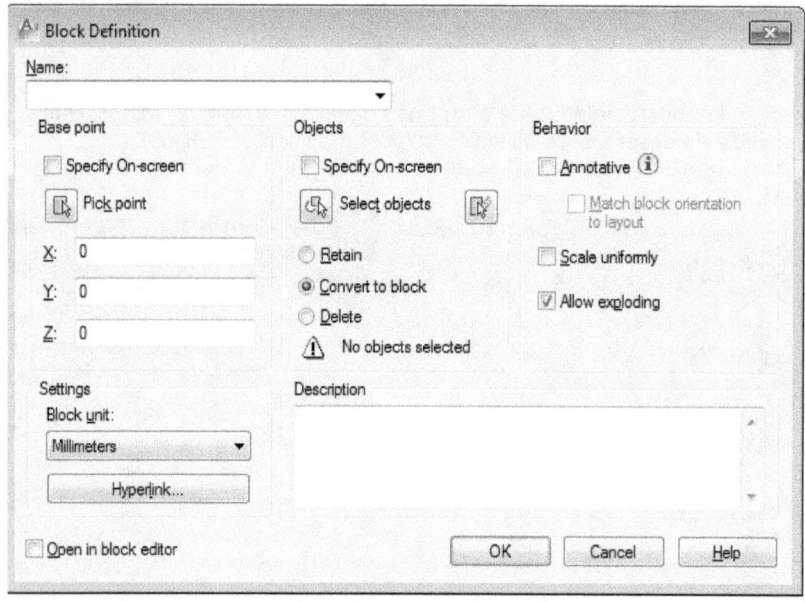

Name, este o casetă și o listă derulantă în același timp, permițând introducerea numelui blocului ce va fi creat, și derularea unei liste în care apar toate blocurile definite în desenul curent.

Base point, permite alegerea punctului de bază al blocului nou creat, punct ce va fi utilizat pentru a defini poziția blocului când acesta va fi inserat. Se pot indica coordonatele absolute ale punctului de bază, sau mai simplu se poate alege opțiunea **Pick point** (apăsând pe butonul „**Pick point**") pentru a se indica prin clic cu mouse-ul punctul de inserție de pe ecran (de la apăsarea butonului **Pick point** și până la clic stânga pe ecran în punctul indicat caseta „**Block Definition**" dispare pentru a ne permite să vedem tot ecranul și să dăm clic pe punctul de inserare dorit. Coordonatele lui dinamice, arătate în permanență de eticleta atașată mouse-ului, odată stabilizate prin clic pe un punct al ecranului, vor fi indicate automat în liniile X, Y, Z, din caseta „**Block Definition**" care reapare pe ecran).

Objects permite selectarea obiectelor care vor face parte din bloc; acționând butonul *Select objects*, caseta de dialog se închide iar temporar, permițând selectarea obiectelor de pe ecran (din desenul curent) care vor fi incluse în bloc, devenind componente ale sale; se selectează toate obiectele odată unul câte unul, după care se apasă tasta *<Enter>*. Pentru constituirea efectivă a blocului trebuie apăsată și tasta *OK*.

Cele trei butoane poziționate sub *Select objects*, indică programului cum să trateze obiectele selectate de pe ecran, după ce blocul a fost constituit din ele: dacă dorim ca ele să rămână pe ecran ca simple entități individuale, punctăm primul buton „*Retain*" – se constituie blocul din obiectele respective, dar ele rămân pe ecran (în desen) tot ca obiecte (entități) individuale; dacă se dorește ca obiectele selectate de pe ecran să fie convertite în bloc punctăm „*Convert to block*" – în acest caz blocul este constituit tot din ele, ele rămân vizibile pe ecran ca și-n cazul anterior și după constituirea blocului, dar nu ca entități simple, individuale, ci ca părți componente ale blocului proaspăt constituit, care este astfel introdus (inserat, afișat) automat în ecran, chiar de la constituirea lui; dacă se dorește disparitia lor de pe ecran după constituirea blocului se punctează „*Delete*" – obiectele selectate rămân în blocul constituit, dar dispar complet de pe ecran (din desen); putând fi introduse o dată, sau de mai multe ori, în desen (în ecran), doar legate în blocul respectiv (cu comanda *Insert Block*).

Settings permite, stabilirea unităților de măsură la inserarea blocului în desen(e) „*Block unit*, și sau asocierea lui cu o hiperlegătură către o locație web „*Hyperlink*".

Behaviours permite stabilirea altor proprietăți ale blocului: adnotativitatea „*Annotative*", posibilitatea scalării uniforme sau neuniforme pe cele două direcții (x și y) „*Scale uniformly*", și posibilitatea ca blocul să fie explodat „*Allow exploding*".

Description – este o fereastră în care se poate introduce o descriere text caracteristică blocului.

Caseta *Open in Block Editor*, permite definirea unor caracteristici dinamice ale blocului; pentru un desen cu cercuri se deschide editorul dinamic cu următoarele palete disponibile (vezi figura de mai jos):

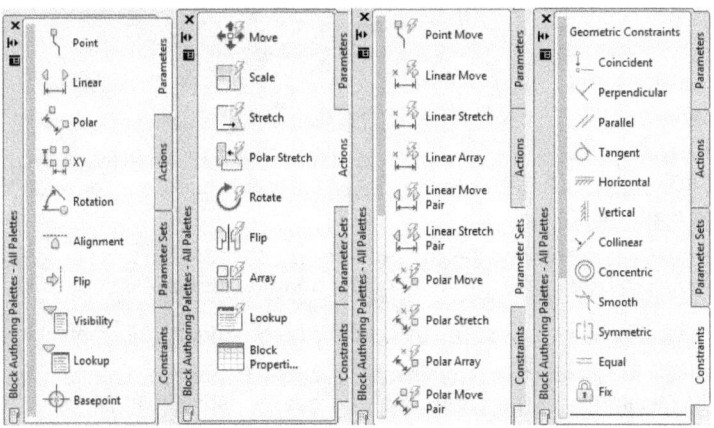

Observație importantă: blocul astfel creat nu va putea fi utilizat decât în desenul asociat, adică în desenul în care a fost creat și salvat odată cu acesta. Dacă nu se salvează desenul curent după crearea blocului, și se iese din fișier, sau din sistem fără o salvare prealabilă (de exemplu accidental), blocul creat se pierde complet. Dacă după crearea blocului desenul curent este salvat de exemplu cu „Save as", blocul se salvează și el odată cu desenul. Dacă salvarea este multiplă, adică în mai multe fișiere dwg cu denumiri diverse, evident că și blocul va fi prezent în toate aceste fișiere (desene) la accesarea (deschiderea) lor, și va putea fi și transferat odată cu fișier-ul(ele) respectiv(e).

!Blocurile importante (utile), care sunt sau pot fi necesare și în alte (noi) desene, trebuiesc salvate pe hard disk, cu comanda **Wblock**.

Se deschide fereastra **Write Block** (de mai jos), unde se pot alege elementele de salvat: blocul, tot desenul, sau anumite obiecte componente.

Alegem (bifăm prin punctare) la sursă (**Source**) „**Block:**" și în dreapta dacă există mai multe blocuri în desen, selectăm denumirea blocului pe care dorim să-l salvăm (aici: „**Bloc01**"); apoi indicăm calea (la **File name and path:**, unde intrarea în managerul de fișiere se face prin pătrățelul din dreapta cu trei puncte inscripționate pe el), și în final clic pe **OK**.

Blocul a fost salvat pe hard disk sub formă de fișier-desen format (extensie) dwg, la adresa indicată de calea selectată anterior.

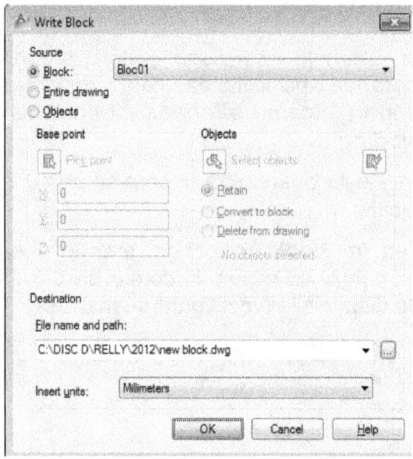

Astfel salvat, blocul există pe hard ca obiect fișier independent, ce poate fi introdus oricând, în orice desen, în orice punct, ori de câte ori se dorește acest lucru.

Într-un desen nou deschis, cu cursorul poziționat în locul în care dorim să introducem blocul „Bloc01", dăm comanda **Insert [Block]**, ce poate fi luată și de pe bara **Draw**, icon ![icon], sau selectând **Insert→Block...** din meniul Insert.

Se deschide fereastra Insert, la care cu Browse... căutăm calea și obiectul (fișierul) dorit, pe care după ce-l găsim, dăm dublu clic pe el, sau îl selectăm și efectuăm clic pe open, pentru a-l aduce în vizorul (caseta) **Name:**.

Nu ne mai rămâne decât să apăsăm pe **OK**-ul ferestrei **Insert**, şi blocul va fi introdus în desen la locul indicat de cursor. Faptul că este deja bifată căsuţa **Specify On-screen** (de la secţiunea **Insert point**), permite alegerea punctului în care va fi inserat blocul pe ecran. **Scale** permite alegerea unei scări ce poate fi diferită pe x şi pe y. Blocul poate fi rotit cu un unghi anume specificat prin opţiunea **Rotation**.

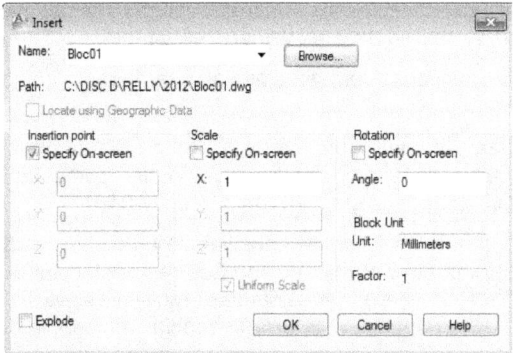

Blocurile astfel stocate, fiind uşor inserabile în orice desen, pot fi exportate, păstrate (stocate) pe hard disk-uri sau diverse alte unităţi de memorie, ori pe diverse linkuri pe NET (pe hard disk-urile serverelor).

Adăugarea de informaţii blocurilor cu ajutorul atributelor

Blocurile pot fi însoţite de informaţii textuale (atribute) care completează blocul. Atributele pot fi variabile sau constante, vizibile sau invizibile pe ecran.

Comanda **ATTdef** (lansată de la tastatură sau din meniul **Draw→Block→Define Attributes...**) permite definirea atributelor unui bloc. Pentru a crea un atribut trebuiesc parcurse trei etape: definirea atributului, includerea lui ca parte dintr-un anumit bloc, şi introducerea caracteristicilor atributului.

Lansarea comenzii deschide fereastra „Attribute Definition" (din imaginea de mai jos).

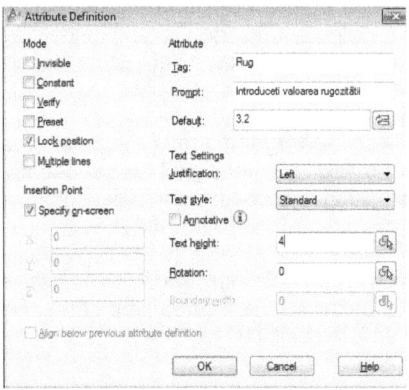

Mode defineşte caracteristicile atributului; toate caracteristicile atributului au un caracter bivalent Da/Nu, (Active/Inactive).

Invisible – dacă este bifată această caracteristică, atributul există, dar nu este afişat, la inserarea blocului în desen.

Constant – are mereu aceeaşi valoare; îi conferă atributului, la inserările blocului în desen(e), mereu aceeaşi valoare, constantă.

Verify – se cere verificarea corectitudinii valorii atributului la inserarea blocului în desen(e).

Preset – setează atributul automat la valoarea sa implicită în momentul introducerii blocului în desen. Practic face inutilă comanda (caracteristica) anterioară „Verify" chiar dacă şi ea va rămâne activată.

Lock position – permite blocarea poziţiei atributului în cadrul blocului; la deblocare, atributul poate fi mutat în raport cu restul blocului utilizând editarea prin prindere (reţeaua grip), iar atributele multilinie pot fi redimensionate (această caracteristică-opţiune este utilă în special la blocurile dinamice).

Multiple lines – Specifică faptul că valoarea atributul poate conţine mai multe linii de text. Atunci când este selectată această opţiune, puteţi specifica o lăţime limita pentru atribut.

Secţiunea **Attribute** conţine trei reglaje: **Tag**, **Prompt** şi **Default**.

Tag – **eticheta** (atributului), apare pe ecran în poziţia (în locul) atributului până în momentul definirii blocului, când apare pe ecran caseta de dialog **Edit Attributes**, în care se cere specificarea valorii atributului.

Prompt – reprezintă mesajul text ce va fi afişat pe ecran în momentul cererii introducerii valorii atributului.

Default – permite introducerea valorii implicite a atributului.

Secţiunea **Inserţion Point**, are posibilitatea bifării căsuţei **Specify on-screen**, care odată bifată, produce afişarea promterului unui punct de pornire atunci când caseta de dialog se închide (utilizaţi dispozitivul de indicare pentru a specifica plasarea atributului în raport cu obiectele cu care va fi asociat).

Secţiunea **Text Settings**, permite setarea caracteristicilor textului. Dacă se doreşte pentru text utilizarea unui alt stil decât cel standard, acesta trebuie creeat anterior pentru a putea fi acum selectat din căsuţa **Text style**.

Align below previous attribute definition – plasează automat eticheta atributului sub atributul definit anterior. Atâta timp cât nu există un atribut definit anterior, opţiunea nu este accesibilă!

Pentru ca atributul să fie asociat blocului, după definirea atributului, la definirea blocului (sau ulterior, prin redeschiderea casetei define block) se selectează și atributul respectiv alături de celelalte componente ale blocului.

Succesiunea operațiilor pentru generarea unui bloc cu atribute:
- Se desenează entitățile ce vor face parte din bloc (cu comenzi de desenare)
- Se definesc atributele dorite cu comanda **ATTDEF**;
- Utilizând comanda **Block** se generează blocul selectând atât entitățile cât și atributele;
- Se inserează utilizând comanda **Insert**.

De exemplu, pentru crearea și inserarea *blocului necesar indicării stării suprafețelor* pe desenele de execuție se folosesc următoarele etape.
În prima fază se reprezintă, oriunde în cadrul desenului, obiectele componente ale blocului – liniile ce formează simbolul rugozității.

Command: l ↵
Specify first point: se indică un punct oarecare (P₁) ↵
Specify next point or [Undo]: @7<-60 (P₂) ↵
Specify next point or [Undo]: @14<60 (P₃) ↵
Specify next point or [Close/Undo]: ↵

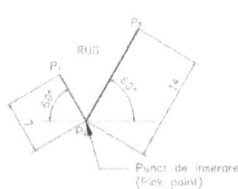

După crearea desenului ce va constitui blocul cu denumirea *Rugozitate* se va defini un atribut (comanda **ATTDEF**) ce se va atașa acestui bloc.
Utilizând comanda **Block** se generează blocul *selectând atât cele două entitățile cât și atributul Rug.*
Se inserează blocul în desen utilizând comanda **Insert**.
Ferestrele de dialog ce se deschid sunt cele prezentate la descrierea comenzilor folosite.
Blocul astfel definit va putea fi folosit doar în desenul curent. Pentru a-l utiliza și în alte desene, blocul trebuie salvat într-un fișier pe *hard disck* utilizând comanda **Wblock**.

Pentru crearea și inserarea *blocului necesar indicării traseului de secționare* pe desenele de execuție se folosesc următoarele etape.
În prima fază se reprezintă, oriunde în cadrul desenului, obiectele componente ale blocului (segmentul de dreaptă trasat cu linie groasă și săgeata).
Command: PL ↵
PLINE
*Specify start point:*se indică un punct pe ecran ↵
Current line-width is 0.0000
Specify next point or [Arc/Halfwidth/Length/Undo/Width]: w ↵
Specify starting width <0.0000>: 1 ↵
Specify ending width <1.0000>: ↵
Specify next point or [Arc/Halfw/Length/Undo/Width]: @0,15 ↵
Specify next point or [Arc/Close/Halfwidth/Length/Undo/Width]: ↵
Command: leader ↵
Specify leader start point: mid ↵
of se indică mijlocul poliliniei create anterior ↵
Specify next point: @15,0 ↵
Specify next point or [Annotation/Format/Undo] <Annotation>: ↵
Enter first line of annotation text or <options>: ↵
Enter an annot option [Tol/Copy/Block/None/Mtext] <Mtext>: ↵

Se va defini un atribut (comanda **ATTDEF**) ce va fi ataşat acestui bloc.
Utilizând comanda **Block** se generează blocul *selectând atât cele două entităţile cât şi atributul T.*
Se inserează blocul în desen utilizând comanda **Insert**.
Blocul astfel definit va putea fi folosit doar în desenul curent. Pentru a-l utiliza şi în alte desene, blocul trebuie salvat într-un fişier pe *hard disck* utilizând comanda **Wblock**.

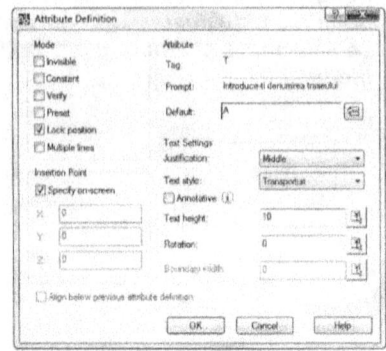

Reprezentarea unor simboluri folosite pentru reprezentarea profilurilor în lung de linie STAS 4958-91.

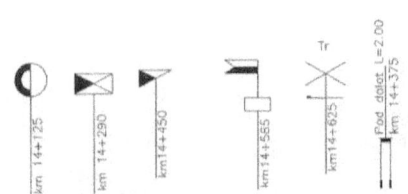

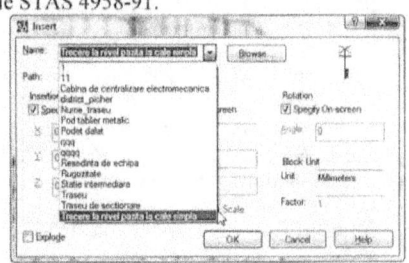

Desenul prototip
Se începe un desen nou pornind de la prototipul *acad.dwg*.
Command: limits ↵
Reset Model space limits:
Specify lower left corner or [ON/OFF] <0.0000,0.0000>: ↵
Specify upper right corner <12.0000,9.0000>: 420,297 ↵
Command: z ↵
ZOOM
Specify corner of window, enter a scale factor (nX or nXP), or
[All/Center/Dynamic/Extents/Previous/Scale/Window/Object] <real time>: a ↵
Regenerating model.
Se afişează întregul spaţiu alocat (Comanda **Zoom**, opţiunea *All*)
Se definesc straturile şi proprietăţile acestora (Chenar, Linii groase, Linii subţiri, Linii ascunse, Axe, Haşuri, Cote, Text).
Command: '_layer

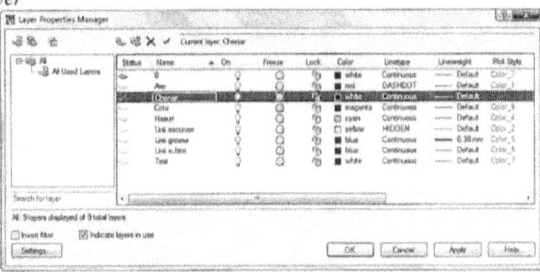

Utilizând coordonatele carteziene absolute, relative şi polare, se realizează cu comenzile **RECtangle** şi **Line**, conturul, chenarul, fâşia de îndosariere şi celelalte elemente grafice ale formatului **A3**.

Se definesc stilurile de cotare (***Dimension Style..***), de scriere (***Text Style…***).

Se inserează indicatorul.

Se salvează desenul prototip. Din meniul *File*, se activează comanda **Save As**. În caseta de dialog a comenzii se aleg: numele desenului, locaţia şi formatul sub care va fi salvat desenul (**.dwt**).

Trasarea chenarului

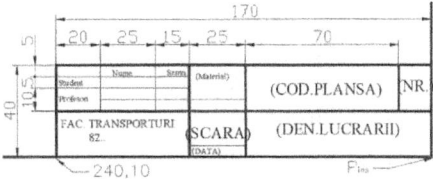

Command: **RECtangle**
Specify first corner point or [Chamfer /Elevation /Fillet /Thickness /Width]: 0,0 ↵
Specify other corner point or [Area/Dimensions/Rotation]: 420,297 ↵
Command: **RECtangle**
Specify first corner point or [Chamfer /Elevation /Fillet /Thickness /Width]: w ↵
Sp. line width for rectangles <0.0000>: 1
Specify first corner point or [Chamfer /Elevation /Fillet /Thickness /Width]: 10,10 ↵
Specify other corner point or [Area/Dimensions/Rotation]: @400,277
Command: l ↵
LINE Specify first point: 20,0 ↵
Specify next point or [Undo]: 20,297 ↵
Specify next point or [Undo]: ↵

Trasarea indicatorului

Se trasează indicatorul folosind comenzile **Line** şi **Offset**.
Se completează rubricile indicatorului.
Se foloseşte un stil de text având ca font Times New Roman.
Se pot defini diverse atribute (datele scrise între paranteze).

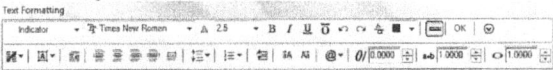

Se completează rubricile indicatorului.
Se foloseşte un stil de text având ca font Times New Roman.
Se pot defini diverse atribute (datele scrise între paranteze).
Se defineşte ca bloc indicatorul.
Ca punct de inserare (*Base point*) se alege P_{ins}. Se selectează obiectele care vor constitui blocul (toate elementele indicatorului şi toate etichetele atributelor).
Se salvează desenul prototip. Din meniul *File*, se activează comanda **Save As**. În caseta de dialog a comenzii se aleg: numele desenului (***Transporturi***), locaţia şi formatul sub care va fi salvat desenul (**.dwt**).

REFERINȚE EXTERNE.
SCALAREA ADNOTĂRILOR.
REALIZAREA UNUI DESEN DE ANSAMBLU.

Referințe externe

O altă modalitate de folosire a unui grup de obiecte deja desenate se bazează pe tehnica referințelor externe. O referință externă este un fișier desen al cărui conținut este inclus, pe durata editării desenului, în desenul curent. Față de blocuri, referințele externe nu fac parte din baza de date a desenului curent, ceea ce este un avantaj din punct de vedere al mărimii fișierului.

La încărcarea desenului, se încarcă automat și referințele externe. Dacă desenul ales ca referință externă este modificat, această modificare va fi vizibilă automat și în desenul care îl apelează.

Comenzile referitoare la inserarea și manipularea referințelor externe pot fi accesate din meniul grafic *Reference*.

Comenzi ale meniului grafic *Reference*:

External References ▣ - Deschide/închide paleta *External Reference* ;

Attach Xref ▣ - Inserează un desen ca referință externă;

Clip Xref ▣ - Decupează o parte a referinței externe;

Xbind ▣ - Inserează permanent în desenul curent o parte a unei referințe externe;

Xref Frame ▣ - Controlează vizibilitatea conturului de decupare a unei referințe externe;

Attach Image ▣ - Inserează un fișier imagine;

Clip Image ▣ - Decupează o parte a unei imagini;

Adjust Image ▣ - Ajustează o imagine;

Image Quality ▣ - Schimbă calitatea unei imagini;

Image Transparency ▣ - Modifică transparența unei imagini;

Image Frame ▣ - Plasează imaginea într-o fereastră.

  ⏺ **Atașarea desenului denumit desen referința externă se face alegând "Attach" din caseta de dialog "External Reference" apoi "Attach Xref".**
  ⏺ **Atașarea desenului se face cu toate caracteristicile lui: straturi, tipuri de linii, stiluri de scriere etc.**

Procedura generală de inserare a unui desen ca referință externă este:

1) Din meniul grafic *Reference* se alege *Attach Xref*. Ca variante, din meniul desfășurabil insert se alege *DWG Reference* sau se tastează direct **Xattach** în linia de comandă.
2) În fereastra de dialog Select Reference File, se selectează fișierul .dwg care va fi atașat și se acționează butonul Open.
3) În fereastra de dialog External Reference, în secțiunea Reference Type, se selectează opțiunea Attachment.
4) Se indică, direct sau prin clic cu mouse-ul (opțiunea Specify On-Screen), punctul de inserare, scara și unghiul de rotație sub care va fi inserat desenul.
5) Se acționează butonul OK.

Paleta *External References* poate fi accesată din meniul grafic *Reference*, dar și prin alegerea din meniul *Insert* a opțiunii *External References...* sau tastând **Xref** în linia de comandă. Comanda **XREF** - permite inserarea unui întreg desen, considerat desen bloc, într-un desen curent.

Din paleta *External References*, prin clic cu butonul drept al *mouse*-ului pe numele unui desen referință externă, se pot efectua operațiile:

Open – permite deschiderea pentru editare, într-o fereastră separată, a desenului selectat;
Attach – ataşează o nouă referinţă externă;
Unload – descarcă temporar o referinţă externă;
Bind – determină integrarea permanentă în desen a referinţei externe (aceasta devine bloc).

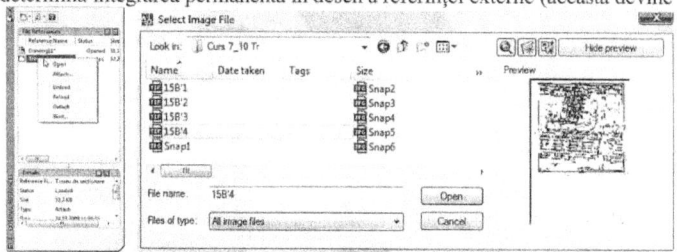

Asemănător cu inserarea unor desene sau părţi din desene ca referinţe externe, se pot insera în desenul curent şi imagini (fişiere de tip bitmap, tif, jpg) în diverse formate. Aceasta se obţine alegând opţiunea *Raster Image Reference* din meniul **Insert**. Ca variante se pot alege *Attach image* din meniul grafic **Reference** sau se poate tasta direct **imageattach** în linia de comandă. Transparenţa imaginii se poate obţine urmând calea: meniul derulant **Modify/** *Object/ Image/ Transparency*.

Din meniul Insert, prin opţiunile *DWF Underlay* şi *DGN Underlay* se pot insera fişiere provenite din desene externe (desenele sursă sunt în format vectorial) dar care sunt inserate ca imagini. Asupra lor se pot efectua doar operaţii de scalare, rotire, repoziţionare, specifice editării imaginilor.

Tot din meniul **Insert**, pot fi introduse în desenul curent obiecte generate de alte aplicaţii, folosind tehnologia **OLE** (*Object Linking and Embedding*).

Scalarea adnotărilor
În versiunea AutoCAD 2008, obiectele folosite pentru adnotarea desenelor (text, cote, toleranţe, linii de indicaţie) dar şi alte obiecte precum blocurile, atributele sau haşurile au o proprietate denumită adnotativitate. Adnotativitatea permite scalarea acestora folosind scări diferite de cea a desenului, pentru a obţine o vizualizare corespunzătoare.

Asocierea proprietăţii de adnotativitate unui obiect se face de la definirea stilului acestuia, prin ferestrele: **Text style**, **Hatch and Gradient**, panoul *Fit* al ferestrei *New Dimension Style*, **Create Multileader Style**.

Unele obiecte pot fi create direct ca adnotative, prin intermediul ferestrei de dialog a comenzii specifice: fereastra **Block Definition**, fereastra **Attribute Definition**, fereastra **Text Formatting**.

Pentru a modifica proprietatea de adnotativitate a unui obiect existent în desen, se poate folosi fereastra Properties.

La schimbarea stării de adnotativitate a unui stil, obiectele deja create cu acest stil nu îşi modifică automat proprietatea. Pentru ca modificarea să opereze asupra acestor obiecte, se foloseşte comanda Annoupdate.

Pentru a verifica adnotativitatea unui obiect din desen, se face o preselectare a acestuia (se deplasează *mouse*-ul asupra lui, fără a apăsa vreun buton). Dacă obiectul preselectat are proprietatea de adnotativitate, alături de acesta apare un simbol specific.

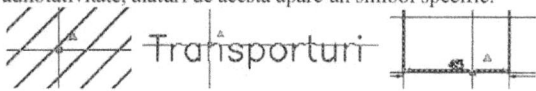

Realizarea unui desen de ansamblu

Se realizează desenele de execuție folosind *layere* pentru linii groase, linii subțiri, axe, cote, hașuri. Pentru fiecare *layer* se alege o culoare, un tip de linie.

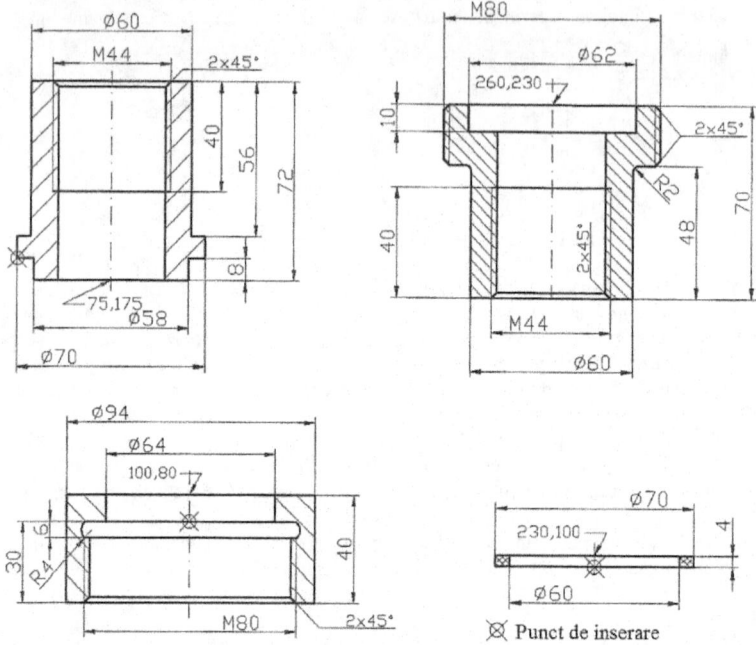

⊠ Punct de inserare

Se închide *layer*-ul *Cote* și fiecare desen va fi copiat cu punctele "Base point" alese în punctele de inserare marcate. Cu ajutorul *grip*-urilor se elimină muchiile acoperite. Se verifică regula asamblării cu filet (prioritate în asamblare are filetul exterior) și hașurarea (se hașurează până la linia groasă).

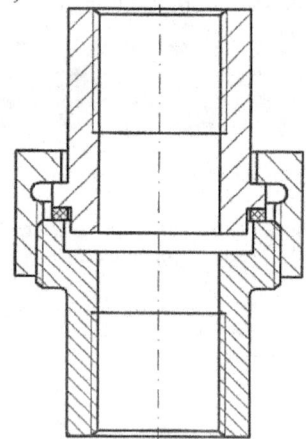

Exerciţii propuse:

Deschideţi desenul prototip Transporturi.dwt, şi utilizând comenzile de desenare şi editare, realizaţi desenele din figurile următoare.

Desenul de ansamblu 01

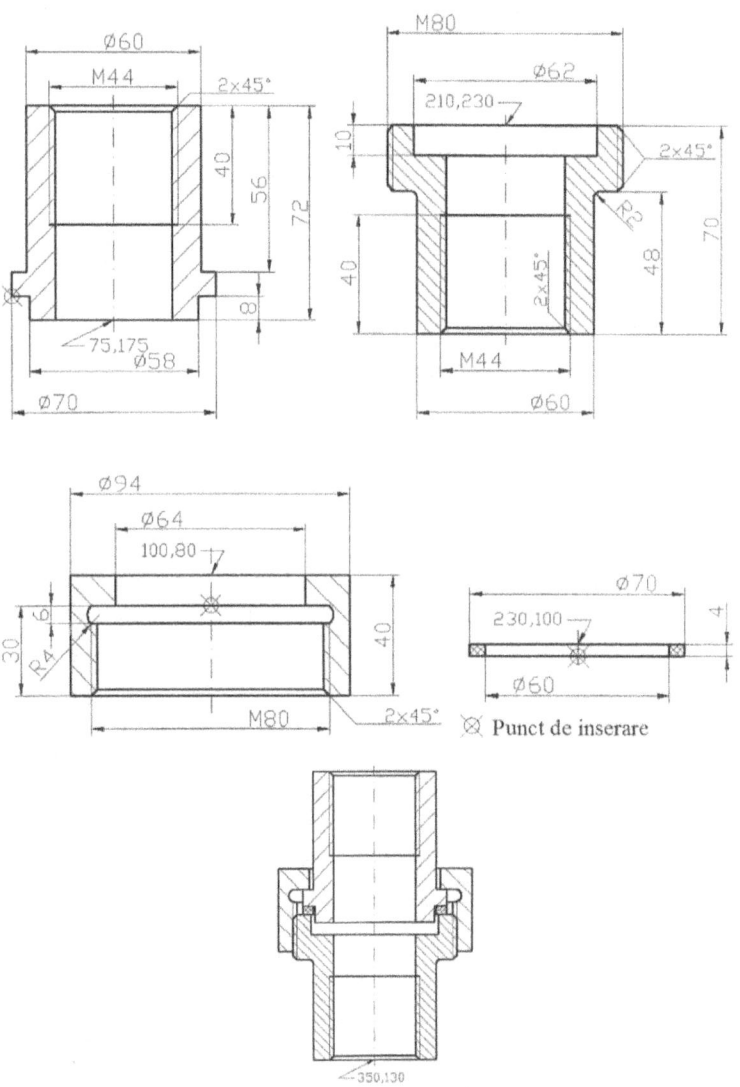

⊗ Punct de inserare

🖐 Pentru a cota razele de racordare se selectează *Either text or arrows (best fit)* din Pagina *Fit* a ferestrei *Modify Dimension Style:Transporturi (Dimension Style…).*

Desenul de ansamblu 02

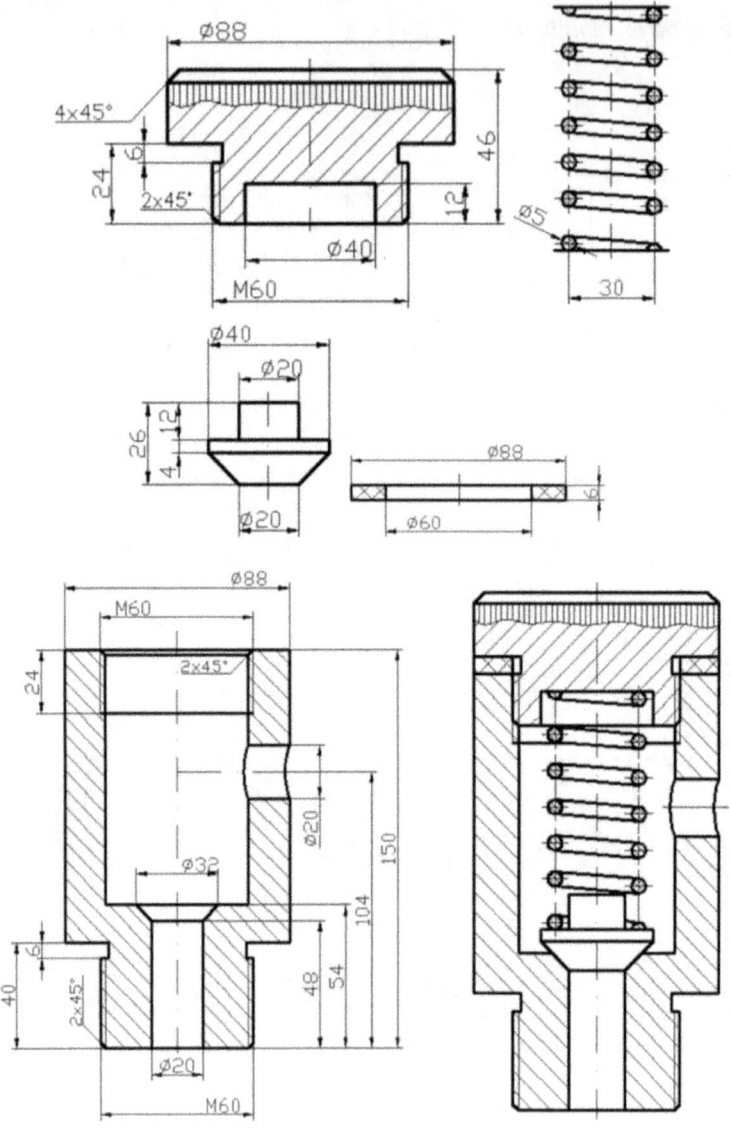

118

Desenul de ansamblu 03

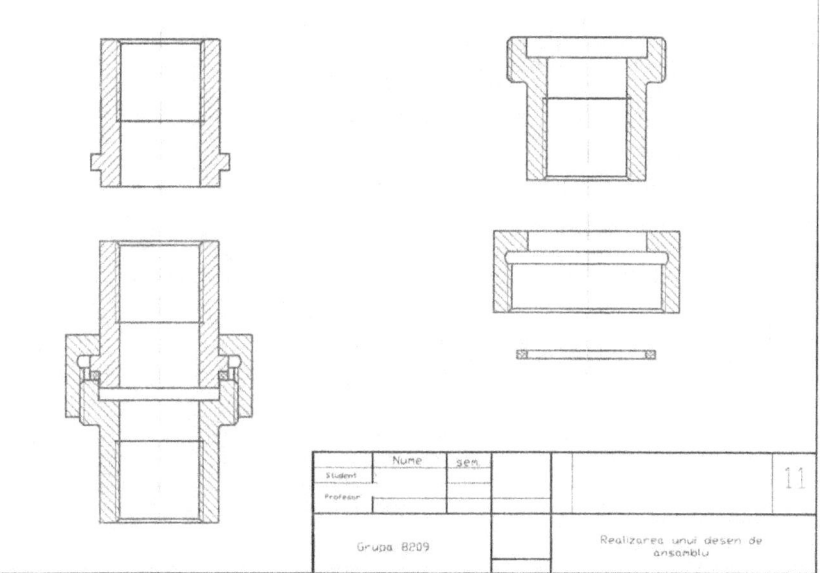

Desenul de ansamblu 04

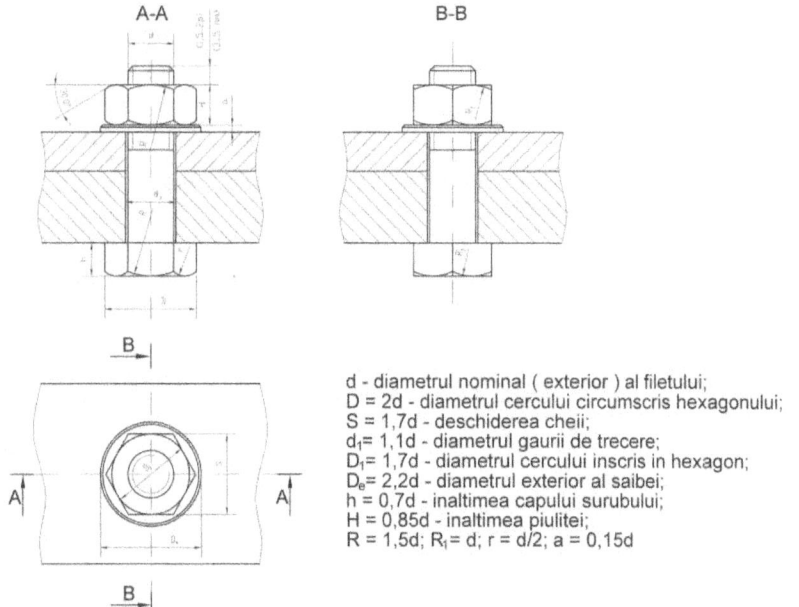

d - diametrul nominal (exterior) al filetului;
D = 2d - diametrul cercului circumscris hexagonului;
S = 1,7d - deschiderea cheii;
d_1= 1,1d - diametrul gaurii de trecere;
D_1= 1,7d - diametrul cercului inscris in hexagon;
D_e= 2,2d - diametrul exterior al saibei;
h = 0,7d - inaltimea capului surubului;
H = 0,85d - inaltimea piulitei;
R = 1,5d; R_1= d; r = d/2; a = 0,15d

119

Desenul de ansamblu 05 (profil în lung de cale ferată)

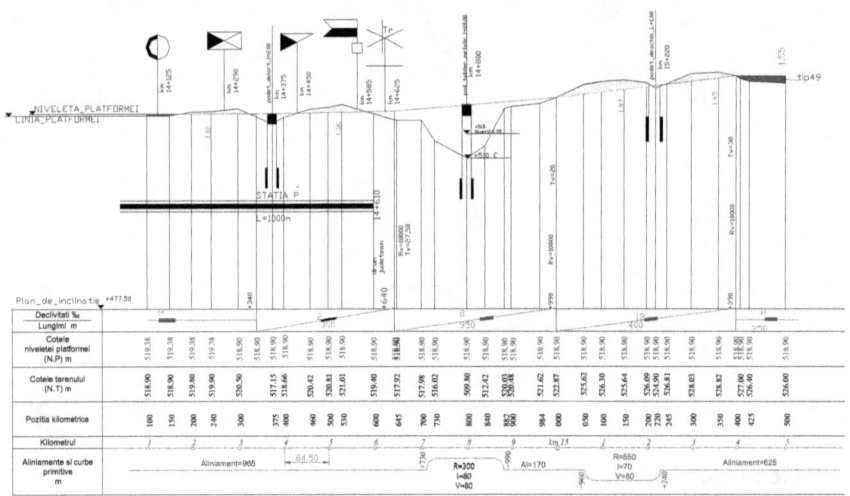

Declivitati ‰ Lungimi m																											
Cotele nivelelei platformei (N.P) m	519.38	519.38	519.38	519.38	518.90	518.90	518.90	518.90	518.90	518.90	518.90	518.90	518.90	518.90	518.90	518.90	518.90	518.90	518.90	518.90	518.90	518.90	518.90	518.90	518.90	518.90	518.90
Cotele terenului (N.T) m	518.90	518.90	519.80	520.50	517.15 518.66	520.42	520.81 521.61	519.40	517.92	517.98 516.02	509.80	517.42	520.63 520.48	521.62	522.87	525.62	526.30	525.64	526.69 524.90 526.81	527.80	528.63	528.82	527.90 526.40	526.60
Pozitia kilometrica	100	150	200	240	300	375 400	460	500	530	600	645	700 730	800	840	882 900	984	600	040	100	150	200 220 245	300	350	400	425	500
Kilometrul	1	2	3	4	5	6	7	8	9	km 13	1	2	3	4	5
Aliniamente si curbe primitive m			Aliniament=965								R=300 I=80 V=80					Ai=170			R=550 I=70 V=80				Aliniament=625				

Desenul de ansamblu 06 (profil în lung de cale ferată-studiu)

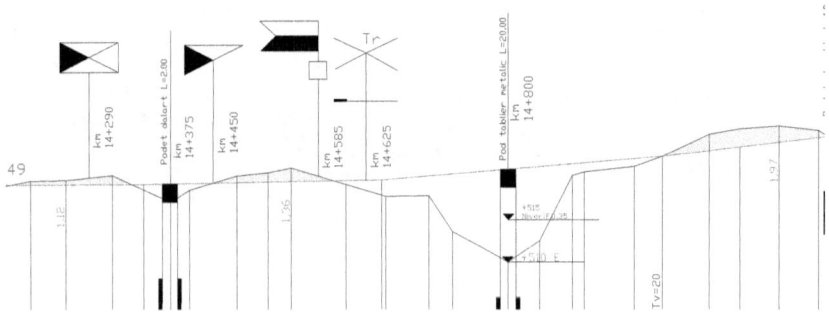

OBIECTE

INFORMAȚII PRIVIND OBIECTELE DIN DESEN

REALIZAREA UNOR DESENE SPECIFICE

OBIECTE *FIELD*

Comanda **FIELD** introduce texte evidențiate ce conțin informații despre care se știe că vor fi modificate: comentarii, data curentă, hiperlegături, etc.

Comanda **FIELD** poate fi lansată:

- din meniul derulant *Insert → Field...*;
- de la tastatură **FIELD**;
- în fereastra *Text Formatting*, din meniul *Options* ⊗ se alege *Insert Field....*

Din fereastra de dialog a comenzii se pot alege tipul de date și formatul de afișare.

Crearea câtorva câmpuri de date

Exercițiul propune inserarea unor câmpuri de date cu privire la raza, lungimea și aria unui cerc dintr-un desen.

1. Se desenează un cerc (comanda **Circle**);
2. Se activează comanda **MText**;
3. În interiorul cercului, se definește zona ocupată de text, prin clic în două colțuri diagonal opuse ale ferestrei de încadrare;
4. În cadrul ferestrei *In-place Text Editor* se tastează textul „Raza:";
5. Se acționează butonul din dreapta al *mouse*-ului într-un punct din fereastra *In-place Text Editor*;
6. Din meniul care apare se selectează opțiunea *Insert Field*. Apare fereastra *Field*;

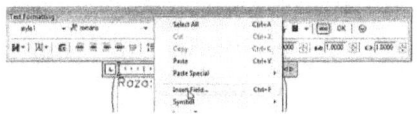 

7. În caseta *Field category* se alege opțiunea implicită *All*;
8. În caseta *Field names* se selectează opțiunea *Object*;
9. În caseta *Object type* se acționează butonul *Select object*;
10. Fereastra *Field* se închide temporar, permițând selectarea obiectului desenat, cercul;
11. În caseta *Property* se selectează opțiunea *Radius*;
12. În caseta *Format* se selectează *Decimal*;
13. Se acționează butonul OK al ferestrei *Field*;
14. Se tastează *<Enter>* pentru a trece pe rândul următor, în fereastra de introducere a textului;
15. Se introduce textul „**Lungimea:**" și se repetă pașii 5÷10;
16. În caseta *Property* se selectează opțiunea *Circumference*;
17. Se acționează butonul OK al ferestrei *Field*;
18. Se tastează *<Enter>* pentru a trece pe rândul următor, în fereastra de introducere a textului;
19. Se introduce textul „**Aria:**" și se repetă pașii 5÷10;
20. În caseta *Property* se selectează opțiunea *Area*;
21. Se acționează butonul OK al ferestrei *Field*;

22. În acest moment, fereastra *In-place Text Editor* ar trebui să arate ca în figura următoare.

23. Se închide fereastra *In-place Text Editor*, prin clic cu *mouse*-ul undeva în afara ei.

Actualizarea câmpurilor de date

Prin modificarea cercului, câmpurile de date create anterior vor fi actualizate.

1. Se selectează cercul;
2. Cu ajutorul *grip*-urilor se trage de cerc, schimbându-i astfel dimensiunile;
3. Se deselectează cercul prin apăsarea tastei *<Esc>*;
4. Se selectează textul ce conține câmpurile de date;
5. Din meniul derulant *Tools* se alege opțiunea *Update Fields* și se modifică automat toate câmpurile.

Obținerea informațiilor despre entitățile desenate. Meniul INQUIRY

Meniul **INQUIRY** permite afișarea informațiilor despre obiectele desenului curent, cum ar fi: coordonate ale punctelor, arii, perimetre, proprietăți (tip de linie, culoare, *layer*, etc.), timp de execuție și altele asemenea. Poate fi accesat din meniul derulant *TOOLS* sau din bara cu instrumente *Inquiry*.

Comanda **DISTANCE** - permite măsurarea distanței reale dintre două puncte, indiferent dacă acestea aparțin aceleiași entități sau nu. Este indicat, de asemenea, și unghiul dintre cele două puncte în raport cu sistemul de coordonate curent.

Comanda **AREA** - permite calcularea ariei și a perimetrului unui contur închis sau aria și perimetrul definite printr-o succesiune de puncte. De asemenea, programul poate calcula aria unor obiecte compuse folosind opțiunile *Add* și *Subtract* ale comenzii.

Comanda **Region / Mass Properties (MASSPROP)** - calculează proprietățile obiectelor bidimensionale (regiuni) și tridimensionale care sunt esențiale în analizarea obiectelor desenate.

Comanda **LIST** - permite afișarea unui set de date importante despre entitatea selectată (tipul entității, *layer*, puncte caracteristice ale entității exprimate prin coordonatele X, Y, Z, lungimea / perimetrul, aria, orientarea – la lucrul în 2D – față de sensul pozitiv al axei Ox, poziția relativă a celui de al doilea punct față de primul).

Comanda **ID Point** - permite aflarea coordonatelor unui punct selectat în raport cu sistemul de coordonate curent.

Comanda **STATUS** duce la afișarea unei ferestre AutoCAD text în care vor fi prezentate statistici de desenare ale entităților. În fereastră sunt prezentate obiectele desenate, starea acestora, precum și obiecte program interne cum ar fi tabele, simboluri, informații asupra variabilelor de cotare, limitele spațiului de desenare, limitele suprafeței vizualizate, rezoluția ecranului, starea Fill, Grid, Ortho, Snap, modurile OSNAP active, spațiul liber pe disc, etc.

Comanda **TIME** afișează date referitoare la statistica temporală a desenului. Lansarea comenzii duce la apariția pe ecran a ferestrei **Text** ce va cuprinde ora la care a fost creat originalul și ultima ediție a desenului, timpul total de editare, timpul consumat pentru sesiunea curentă precum și timpul rămas până la următoarea salvare automată a desenului.

Setarea variabilelor de sistem. Comanda SETVAR

Setările mediului de desenare precum și unele variabile de sistem sunt stocate în registrul sistemului de operare, în fișierul desen, sau nu sunt stocate decât temporar pentru sesiunea curentă de desenare.

Command: **SETVAR**
Enter variable name or [?]: ?
Enter variable(s) to list <>*: se introduce numele unei variabile sau **?**, unde **?** listează toate variabilele de sistem şi valorile lor curente.

Variabilele de sistem pot fi clasificate astfel: variabile accesibile prin comanda **SETVAR** , fie prin comenzile asociate lor şi variabile accesibile numai prin comanda **SETVAR**. O altă clasificare poate fi făcută după faptul că ele pot fi modificate sau nu.

REALIZAREA UNOR DESENE SPECIFICE SPECIALIZĂRII

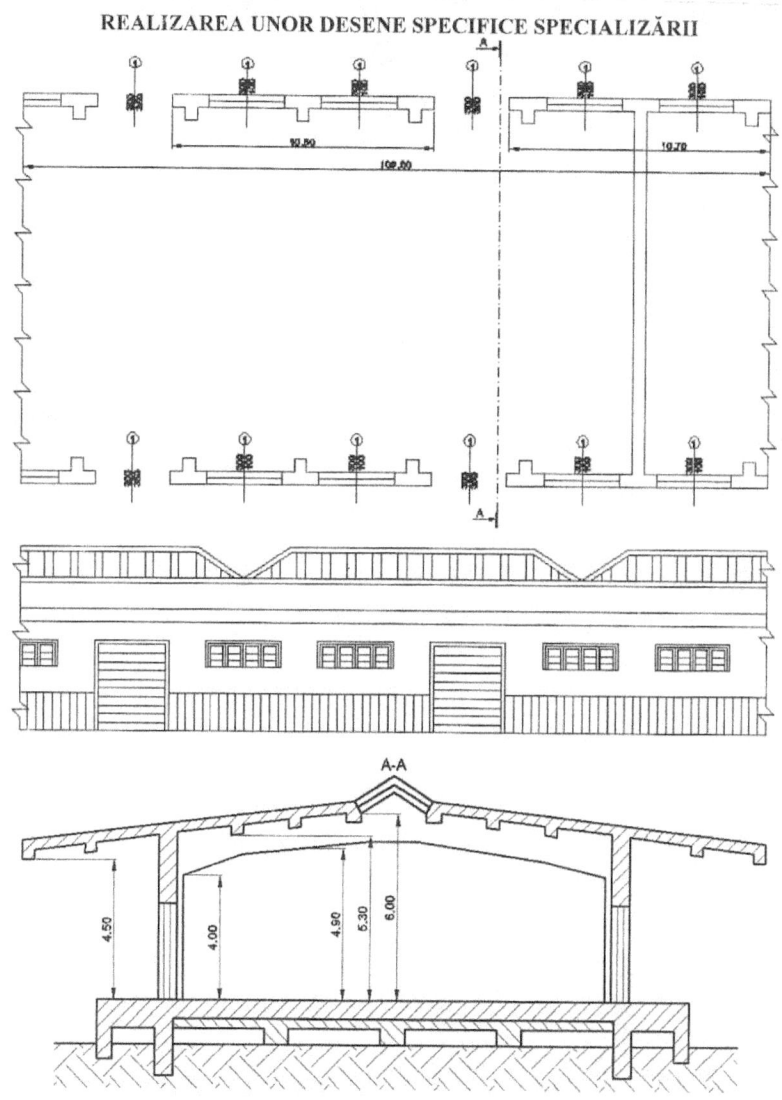

Exercițiu: să se realizeze proiecțiile longitudinală și transversală ale unei magazii de mărfuri de la o stație de cale ferată.

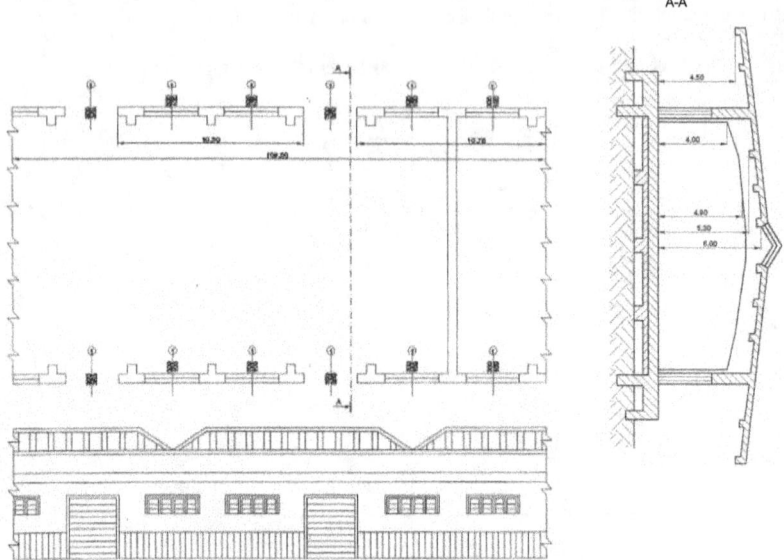

124

12-14. MODELAREA ÎN TREI DIMENSIUNI (3D)

VIZUALIZAREA REPREZENTĂRILOR 3D. STILURI DE VIZUALIZARE. DEFINIREA UNUI SISTEM DE COORDONATE AL UTILIZATORULUI ÎN 3D. TEHNICA MODELĂRII SOLIDELOR

VIZUALIZAREA REPREZENTĂRILOR 3D

Alegerea punctului din spațiu (*view point*) din care se privește obiectul reprezentat se face utilizând comanda **VPOINT**.

Definirea punctului de vedere dorit se poate face prin indicarea coordonatelor sau a unghiurilor făcute de direcția razei vizuale cu axele și planurile sistemului de referință.

Prin rază vizuală se înțelege dreapta care trece prin punctul de vedere și prin originea sistemului de coordonate.

Alegerea punctului de vedere se mai poate realiza utilizând comanda **DDVPOINT** care pune la dispoziție o casetă de dialog **Viewpoint Presets** cu valori prestabilite ale rotației. Această casetă de dialog este mai simplu de utilizat pentru specificarea unei rotații decât opțiunea *Rotate* prezentată anterior. Se poate defini direcția razei vizuale în raport cu sistemul principal de coordonate (WCS) sau față de sistemul de coordonate definit de utilizator (UCS).

Caseta de dialog **Viewpoint Presets** mai poate fi accesată și urmând calea *Meniu → View → 3D Views → Viewpoint presents..* sau_*VP* de la tastatură.

Pentru a obține o proiecție izometrică a obiectelor desenate, se folosesc comenzile barei de instrumente **View** sau din meniu *View → 3D Views*.

O proiecție pe planul XOY al sistemului de coordonate – echivalent cu **VPOINT** / 0,0,1 – se poate realiza prin comanda **PLAN**.

Comanda mai poate fi accesată și din meniul *View → 3DViews → Plan View*.

VIZUALIZAREA INTERACTIVĂ ÎN SPAȚIUL 3D

Începând cu versiunea AutoCAD 2000 a apărut posibilitatea vizualizării interactive a modelelor tridimensionale utilizând comanda **3DORBIT**. Modurile umbrite sau cu linii ascunse se păstrează chiar și atunci când se modifică dinamic și interactiv punctul de vedere oferind posibilitatea unei mai bune înțelegeri a relațiilor geometrice dintre diferitele componente ce alcătuiesc chiar și un model simplu.

Modul implicit este **Constrained Orbit** și permite următoarele operații de manipulare a vederii curente:

Prin tragerea în lateral a vederii, cu butonul stâng al *mouse*-ului apăsat, camera se deplasează în planul XY;

Prin tragerea pe verticală a vederii, cu butonul stâng al *mouse*-ului apăsat, camera se deplasează în lungul axei Z.

O altă variantă a comenzii este **Free Orbit** (*3DForbit*) care suprapune o țintă (*arcball*) peste vederea curentă a modelului. Această țintă constă dintr-un cerc împărțit în patru arce delimitate de mici cercuri. Centrul țintei reprezintă punctul care rămâne fix.

Pe ecran vor apărea diferite pictograme ale cursorului, în funcție de poziția acestuia relativ la țintă. Sunt posibile patru mișcări fundamentale prezentate în continuare:

Când cursorul este mutat în interiorul țintei, apare o mică sferă înconjurată de două săgeți arcuite. În acest caz vederea se poate manipula liber, în toate direcțiile;

⊙ Când cursorul este deplasat în afara țintei, apare o săgeată circulară care înconjoară o sferă. În acest caz executarea unui clic urmată de o deplasare prin tragere pe verticală determină rotirea vederii în jurul unei axe care trece prin centrul țintei și este perpendiculară pe ecran.

⊖ Când cursorul este deplasat peste unul dintre cele două cercuri ce marchează capetele de arce de sus și de jos ale țintei, apare o elipsă verticală care înconjoară o sferă. Executarea unui clic urmată de o deplasare prin tragere atunci când este activă această pictogramă determină rotirea vederii în jurul axei OX sau al axei orizontale care trece prin centrul țintei. Această axă este reprezentată de linia orizontală din pictograma cursorului.

⊕ Când cursorul este deplasat peste unul dintre cele două cercuri ce marchează capetele de arce laterale ale țintei, apare o elipsă orizontală care înconjoară o sferă. Executarea unui clic urmată de o deplasare prin tragere atunci când este activă această pictogramă determină rotirea vederii în jurul axei OY sau al axei verticale care trece prin centrul țintei.

De asemenea, se poate defini *Continuous Orbit* 🔲 (*3DCorbit*) o mișcare continuă a punctului de vedere în jurul modelului. Se execută clic și se trage *mouse*-ul într-o direcție oarecare, după care se eliberează butonul *mouse*-ului. Vederea continuă să se rotească automat, până când mișcarea va fi stopată prin acționarea tastei <Esc>.

Această mișcare continuă poate furniza informații referitoare la structura și relațiile geometrice din model, care sunt mai puțin evidente într-o reprezentare statică de tip vedere.

Deplasarea și redimensionarea pe ecran a desenelor mici durează puțin, dar aceste operații pot fi considerabil mai lente atunci când se lucrează pe un desen mare. Salvarea vederilor și accesarea lor ulterioară poate mări viteza de desenare.

Acest lucru este posibil folosind comanda **VIEW**. Comanda afișează o casetă de dialog ca în figura următoare.

O vedere nouă poate fi creată prin selectarea butonului *New* din caseta de dialog **VIEW**.

O vedere salvată anterior poate fi restaurată, redenumită sau ștearsă dacă se apasă butonul drept al *mouse*-ului pe numele ei.

Problema vizibilității obiectelor reprezentate se poate rezolva prin comanda **HIde**, care regenerează desenul, eliminând liniile care nu se văd. Poate fi accesată din meniul *View*.

STILURI DE VIZUALIZARE

O modalitate de a modifica aspectul obiectelor 3D constă în folosirea stilurilor de vizualizare. Se poate selecta opțiunea *Visual Styles* din meniul *View*, se pot folosi pictogramele din bara cu instrumente *Visual Styles* sau de la tastatură comanda **SHADEMODE**.

🔲 **2D Wireframe** - afișează obiectele modelului utilizând linii și curbe pentru a reprezenta marginile. Acesta este modul de afișare a obiectelor bidimensionale și tridimensionale în AutoCAD.

🔲 **3D Wireframe** – la fel ca *2D Wireframe*, dar afișează și o pictogramă umbrită a sistemului de coordonate definit de utilizator în spațiul tridimensional.

⬡ **3D Hidden** – rezultatele sunt similare cu cele obținute în cazul folosirii comenzii **HIDE**. Sunt ascunse liniile invizibile.

⬛ **Realistic** – obiectele sunt prezentate umbrit, în funcție de materialul asociat.

⬛ **Conceptual** – umbrirea are loc printr-o transformare gradată de culoare, asemănătoare reprezentărilor din desenele animate.

Stilurile de vizualizare implicite pot fi personalizate, prin editarea proprietăților în funcție de dorințele utilizatorului, din interiorul paletei *Visual Styles Manager* ⬛.

SISTEMUL DE COORDONATE

Sistemul principal de coordonate din AutoCAD este denumit **WCS** (World Coordinate System) și este un sistem rectangular, cu originea în colțul din stânga-jos al ecranului, axa X orizontală fiind orientată de la stânga la dreapta, iar axa Y de jos în sus, axa Z fiind perpendiculară pe ecran, ieșind din ecran conform triedrului drept.

În AutoCAD, utilizatorul are posibilitatea să-și definească în orice moment un sistem propriu de coordonate, denumit **UCS** (User Coordinate System). Principalele opțiuni-comenzi sunt prezentate în continuare:

New – permite alegerea unui nou UCS, având ca subopțiuni:

Origin of new UCS or [Zaxis/3point/Object/Face/View/X/Y/Z]<0,0,0>, unde

-*Origin*, definește un nou UCS, cu originea într-un punct indicat, fără a schimba orientarea axelor (fără rotații; practic are loc doar o deplasare a originii sistemului de axe);

-*ZAxis*, definește un nou UCS având planul ZoX în planul desenului și axa Y perpendiculară pe desen, prin indicarea noii origini și a unui punct pe noua axă Z în sensul pozitiv al acesteia;

-*3point*, definește un nou UCS, prin indicarea a trei puncte necoliniare: originea, un punct de pe noua axă X și unul de pe noua axă Y, în sensurile pozitive ale acestora;

-*OBject*, definește un nou UCS, asociat unui obiect existent în desen;

-*Face*, permite alegerea unui UCS asociat unei fețe a unui solid;

-*View*, definește un nou UCS, cu axa Z perpendiculară pe imaginea curentă;

-*X,Y,Z*, definesc un nou UCS rotit în jurul uneia din cele trei axe (cea specificată) cu un unghi ales de utilizator;

Move – definește originea unui nou UCS, prin deplasarea vechii origini pe axa Z;

orthoGraphic – permite alegerea unui UCS asociat uneia dintre cele șase proiecții ortogonale principale;

Prev – determină revenirea la UCS-ul anterior;

Restore – revine la unul dintre UCS-urile salvate;

Save – salvează sub un nume UCS-ul curent;

Del – șterge din memorie un UCS salvat deja;

Apply – aplică UCS-ul curent uneia sau mai multor ferestre din desen;

? – afișează lista cu UCS-urile salvate până la momentul respectiv;

<World> – stabilește UCS-ul identic cu WCS.

Opțiunile pentru sistemul de coordonate pot fi controlate și din meniul **Tools** (coform figurii de mai jos) sau din meniurile grafice **UCS** și **UCSII**.

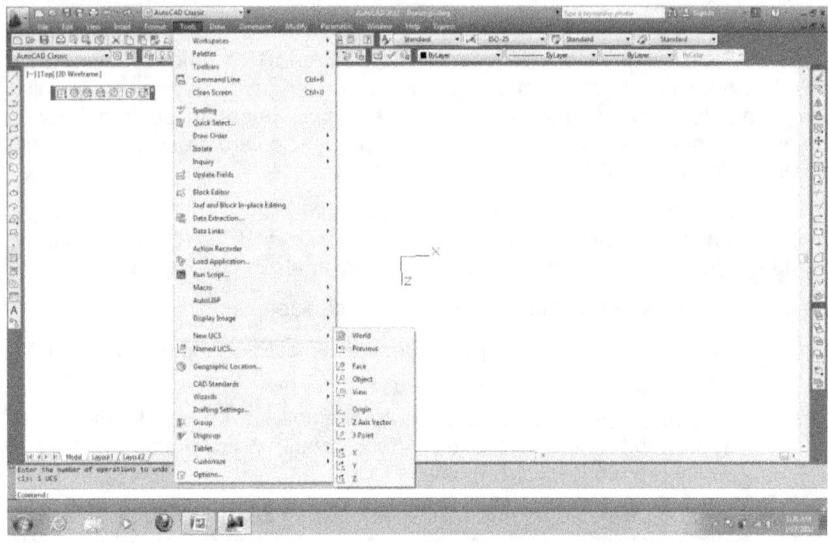

Comanda **Ucsman** determină afișarea unei ferestre de dialog cu informații privind sistemul de coordonate, permițând o alegere interactivă a acestuia prin trei foi (secțiuni) disponibile conform figurilor următoare.

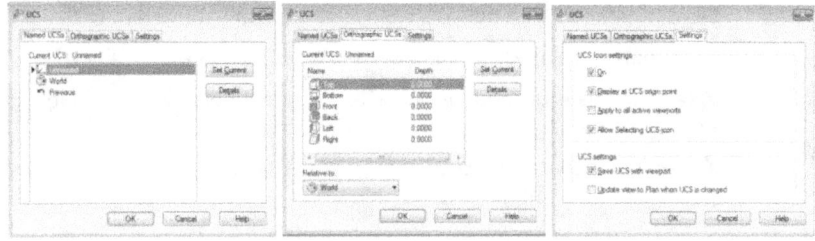

Se poate controla aspectul și amplasamentul **UCS**-ului prin comanda **UCSICON**. Câteva opțiuni ale acesteia sunt:

ON – impune ca icon-ul să fie afișat pe ecran (implicit);

128

OF – elimină iconul;

A – aplică opţiunile pe toate viewport-urile active (nu doar pe cel curent);

N – impune ca icon-ul să se afle pe ecran în stânga-jos (chiar şi atunci când originea se află oricum în ecran în mod implicit);

OR – impune ca icon-ul să fie plasat în origine atunci când acest lucru este posibil (când originea este poziţionată în ecran; altfel îl plasează în stânga-jos).

DEFINIREA UNUI SISTEM DE COORDONATE AL UTILIZATORULUI (UCS) ÎN 3D

În spaţiul tridimensional se poate lucra cu un număr infinit de planuri de desenare, nu doar cu planul XOY specific desenelor bidimensionale.

Flexibilitatea sistemelor de coordonate UCS face posibilă construirea şi lucrul cu modele tridimensionale. Înţelegerea modului de plasare şi manipulare a sistemelor de coordonate din spaţiul tridimensional constituie elementul esenţial al creării modelelor tridimensionale în AutoCAD.

Origin – Opţiunea implicită defineşte originea unui nou sistem de axe prin specificarea coordonatelor noii origini. Noul UCS va fi translatat fără a schimba orientarea axelor.

Face – poate fi utilizată pentru a alinia rapid un nou sistem de coordonate UCS la o faţă a unui solid din spaţiul tridimensional. Când se utilizează opţiunea *Face*, axa OX este aliniată la cea mai apropiată muchie a primei feţe găsite. Opţiunile *Xflip* şi *Yflip* permit reorientarea direcţiilor pozitive ale fiecărei axe.

OBject – defineşte sistemul de coordonate cu aceeaşi direcţie de extruziune ca a obiectului selectat. Originea şi orientarea noului plan XOY depind de obiectul selectat, şi sunt arbitrare.

Previous – actualizează ultimul UCS în care s-a lucrat. AutoCAD reţine ultimele 13 sisteme de coordonate folosite, create atât în spaţiul modelului, cât şi în spaţiul hârtie.

View – defineşte un nou UCS cu planul XOY perpendicular pe direcţia de privire (paralel cu ecranul). Originea rămâne neschimbată. Această opţiune este foarte utilă atunci când trebuie să fie introdus text într-o vedere care nu este ortogonală. Textul este plasat automat paralel cu planul ecranului.

World – permite revenirea la WCS.

X/Y/Z – utilizarea acestor trei opţiuni produce rotirea UCS-ului în jurul axei respective. Originea rămâne neschimbată.

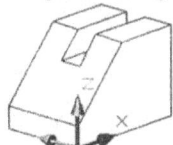 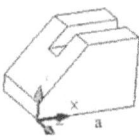 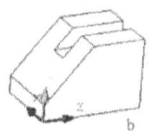 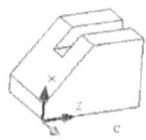

ZAxis – specifică o nouă origine a sistemului de coordonate definit de utilizator şi un punct aflat pe semiaxa pozitivă a axei OZ. Programul determină, automat, direcţiile şi sensurile pozitive ale celorlalte două axe.

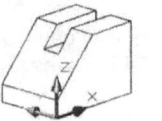 3point – defineşte un nou UCS solicitând trei puncte: originea, sensul pozitiv al axei OX, sensul pozitiv al axei OY.

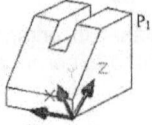
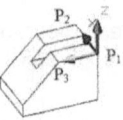

Există un **UCS dinamic** care permite alinierea automată, temporară, a planului **XY** al **UCS** cu o faţă a unui obiect tridimensional. Dacă se execută clic pe una din feţele obiectului, *UCS* –ul dinamic este ataşat temporar feţei respective numai dacă butonul *DUCS* din bara de stare este activat.

TEHNICA MODELĂRII SOLIDELOR

Modelarea solidelor permite crearea unor obiecte primitive urmată de combinarea şi folosirea acelor obiecte primitive în scopul realizării unor obiecte mai complexe. Metoda se numeşte modelarea solidelor deoarece se pot ataşa modelului orice date fizice obţinându-se informaţii legate de centrul de greutate al obiectului, masa acestuia, momentul de inerţie etc.

Solidele primitive sunt solide 3D predefinite care pot fi folosite pentru a crea rapid forme uzuale. Versiunea actuală recunoaşte opt obiecte primitive distincte: polisolid (polysolid), paralelipiped (*box*), poliedru cu o faţă înclinată (*wedge*), con (*cone*), sferă (*sphere*), cilindru (*cylinder*), tor (*torus*) şi piramidă (*pyramid*).

Comanda **POLYSOLID** – generează un solid, în mod asemănator cu generarea unei polilinii în plan sau pornind de la un obiect plan: polilinie, arc, cerc, segment de dreaptă. Grosimea şi înălţimea obiectului sunt controlate prin variabilele de sistem *PSOLWIDTH*, respectiv *PSOLHEIGHT*.

Comanda **BOX** - permite crearea unui solid paralelipipedic, definit prin două colţuri opuse ale bazei şi înălţimea acestuia. Baza este situată într-un plan paralel cu planul XOY al *UCS*-ului curent, iar înălţimea este pe direcţia axei OZ.

Comanda **WEDGE** - permite crearea unui solid poliedral cu o faţă înclinată de-a lungul axei OX, definit prin două colţuri opuse ale bazei şi înălţimea acestuia. Faţa înclinată nu conţine primul colţ indicat al bazei. Baza este paralelă cu planul XOY al *UCS*-ului curent, iar înălţimea este pe direcţia axei OZ

Comanda **CONE** - generează un solid conic, definit prin centrul şi raza bazei şi înălţimea conului (respectiv, vârful acestuia). Baza poate fi un cerc sau o elipsă şi este situată într-un plan paralel cu planul XOY al *UCS*-ului curent.

Comanda **SPHERE** - permite crearea unui solid sferic, definit prin centrul şi raza sau diametrul sferei. Planul ecuatorial al sferei este paralel cu planul XOY al *UCS*-ului curent.

Comanda **CYLINDER** - generează un solid cilindric, definit prin centrul şi raza bazei şi înălţimea cilindrului. Baza poate fi un cerc sau o elipsă şi este situată într-un plan paralel cu planul XOY al *UCS*-ului curent.

Comanda **TORUS** - permite crearea unui solid toroidal, definit prin centrul, raza sau diametrul torului şi raza sau diametrul tubului. Planul ecuatorial al torului este paralel cu planul XOY al *UCS*-ului curent. Raza (sau diametrul) torului defineşte un cerc imaginar care trece prin centrul tubului torului. Tubul este definit printr-o rază (sau diametru).

PYRAMID – generează o piramidă regulată solidă, definită prin poligonul bazei și vârful sau înălțimea piramidei. Baza poate fi un poligon regulat, situat într-un plan paralel cu planul orizontal al *UCS*-ului curent.

CREAREA MODELELOR SOLIDE DIN FORME BIDIMENSIONALE ÎNCHISE

Crearea solidelor 3D utilizând profile închise se realizează cu ajutorul comenzilor **EXTRUDE, REVOLVE, SWEEP, LOFT, PRESSPULL.**
Profilele închise sunt: polilinii închise, cercuri, elipse, poligoane, curbe spline închise, regiuni. Nu pot fi extrudate obiecte conținute într-un bloc, sau polilinii care au segmente intersectate. Pot fi extrudate simultan mai multe profile închise.

Comanda **EXTRUDE** creează solide 3D prin adăugarea unei grosimi unui profil închis sau prin deplasarea unui profil închis de-a lungul unei căi (*path*).
Solidul obținut poate avea generatoarele (muchiile) paralele cu direcția de extrudare sau înclinate. Dacă unghiul de înclinare este pozitiv sau negativ, generatoarele (muchiile) vor fi înclinate spre interior, respectiv spre exterior.

Comanda **REVOLVE** creează un solid 3D prin rotirea unui profil închis în jurul unei axe de rotație. Axa de rotație nu trebuie să fie perpendiculară pe planul profilului închis.

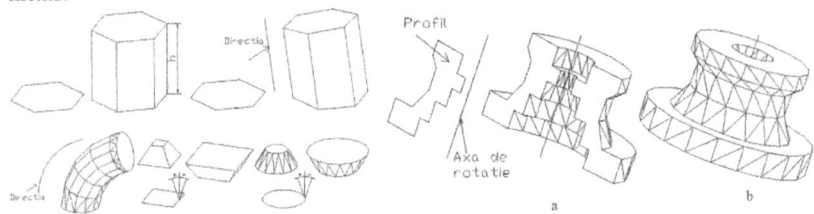

Comanda **SWEEP** - generează un solid prin deplasarea unui profil generator în lungul unei curbe directoare. Dacă profilul generator este o curbă închisă, se obține un model solid; dacă este o curbă deschisă, se obține o suprafață 3D.

Comanda **LOFT** – permite generarea unor solide sau suprafețe 3D cu forme ce nu pot fi descompuse în elemente geometrice simple, având secțiuni transversale de forme diferite pe lungimea lor. Profilele generatoare pot fi curbe plane închise și atunci se vor putea crea corpuri solide sau, pot fi curbe plane deschise, caz în care se vor obține suprafețe 3D.

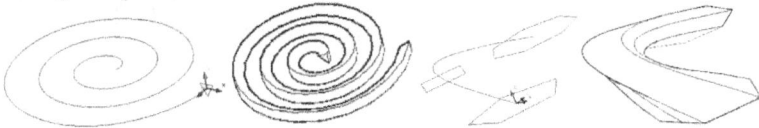

Comanda **PRESSPULL** – creează solide prin împingerea sau tragerea unor profile plane spre interiorul, respectiv exteriorul unui solid. Generarea are loc în felul următor: se selectează profilul plan și apoi se trage cu *mouse*-ul, spre exteriorul sau spre interiorul solidului (sau se poate indica o valoare, pozitivă sau negativă).

TEHNICA MODELĂRII SOLIDELOR.
EDITAREA SOLIDELOR

⊚ Comanda **UNION** permite crearea unui solid compus din două sau mai multe solide 3D punând în evidență și curbele de intersecție dintre suprafețe. Pot fi reunite solide 3D care nu împart un volum comun pentru a crea un singur solid.

⊚ Comanda **SUBTRACT** permite crearea unui solid 3D prin extragerea unui grup de solide din alt solid. Se utilizează, de obicei, pentru a crea găuri și a îndepărta material din modelele 3D solide.

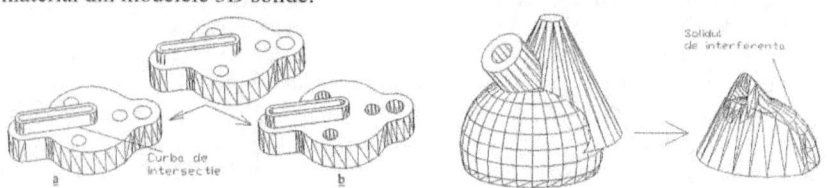

⊚ Comanda **INTERSECT** permite crearea unui solid din volumul de intersecție dintre două sau mai multe solide. După selectarea obiectelor, rămâne numai zona de intersecție ca un nou solid, solidele sursă fiind șterse. Atunci când solidele selectate nu au nici o zonă comună atât solidele cât și zona vidă rezultată sunt eliminate.

Racordarea și teșirea muchiilor modelelor solide pot fi obținute utilizând comenzile **FILLET**, respectiv **CHAMFER**.

Comanda **FILLET** adaugă rotunjiri și racordări ale muchiilor și colțurilor selectate. Comanda poate acționa asupra unei singure muchii sau asupra unui lanț de muchii (opțiunea *Chain*). Se poate specifica o rază diferită pentru muchii consecutive.

Comanda **CHAMFER** teșește muchii de-a lungul fețelor adiacente ale unui solid. Comanda poate acționa asupra unei singure muchii sau asupra tuturor muchiilor care alcătuiesc un contur închis (opțiunea *Loop*).

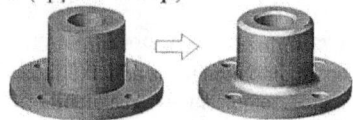

Comanda **SLICE** este utilizează pentru divizarea unor obiecte solide aflate de o parte și de alta a unui plan de tăiere (fig. a). Dacă se împarte un set de solide în mai mult de două obiecte, AutoCAD creează un solid din obiectele aflate de o parte a planului de tăiere și un solid din obiectele aflate de cealaltă parte. Opțiunile comenzii sunt prezentate în continuare:

Specify start point of slicing plane or [planar
Object/ Surface/ Zaxis/ View/ XY/YZ/ZX/ 3points] <3points>:

- **3Points** – utilizează trei puncte pentru definirea planului de tăiere. Este opțiunea implicită.
- **Object** – aliniază planul de tăiere la un cerc, o elipsă, un arc de cerc sau de elipsă, o curbă spline sau o polilinie 2D.
- **Z- axis** – definește planul de tăiere prin specificarea unui punct din plan și a

unui punct de pe axa OZ.

- **View** – aliniază planul de tăiere cu planul de vizualizare din *viewport*-ul curent.
- **XY, YZ şi ZX** – orientează planul de tăiere faţă de planele XOY, YOZ sau ZOX ale sistemului de coordonate UCS curent.

Opţiunea *3Points* defineşte imediat planul de tăiere, nefiind necesar nici un alt punct. Celelalte opţiuni după ce aliniază planul solicită un punct necesar pentru poziţionarea planului în raport cu modelul.

În continuare, se solicită introducerea unui punct pentru a determina care parte a solidului tăiat va fi păstrată în desen. Acest punct nu trebuie să aparţină planului de tăiere.

Specify a point on desired side of the plane or [keep Both sides]:
Se pot păstra ambele părţi rezultate din tăiere dacă se tastează **b**.

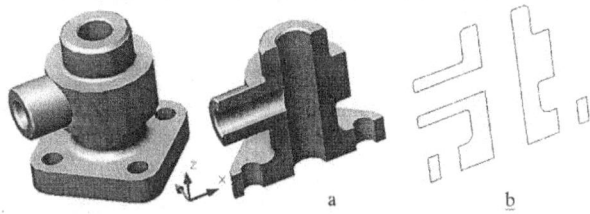

a   b

Comanda **SECTION** generează o regiune care reprezintă o secţiune propriu-zisă în obiectul solid, creată în planul ales (fig. b). Modul de indicare a planului coincide cu alegerea planului de tăiere de la comanda **SLICE**.

Când este necesar să obţinem alte tipuri de secţiuni decât cele plane, se utilizează operaţii de extragere din modelul solid a unor părţi definite de solide elementare poziţionate corespunzător.

Cu ajutorul altor solide auxiliare se pot obţine secţiuni în trepte, frânte etc.

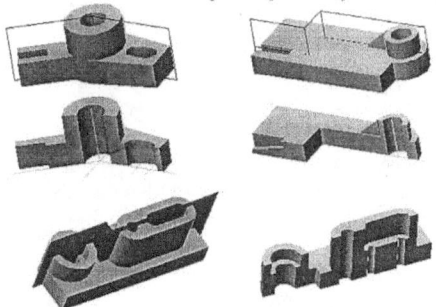

Comanda **Sectionplan** oferă posibilitatea obţinerii unei secţiuni variabile. Secţiunile pot fi deplasate cu ajutorul grip-urilor, permiţând vizualizarea în mod dinamic a efectului obţinut.

Comanda **SOLIDEDIT** permite modificarea feţelor şi muchiilor unui solid sau a întregului solid.

Opţiunile comenzii sunt accesibile rapid din *Bara de instrumente* → *Solids Editing* sau din *Meniu* → *Modify* →*Solids Editing*.

Prompter-ul comenzii este:

Enter a solids editing option [Face/Edge/Body/Undo/eXit] <eXit>:
unde:

- **Face** – permite editarea feţelor solidului;
- **Edge** – permite editarea muchiilor solidului;
- **Body** – permite operaţii de editare asupra întregului solid;
- **Undo** – anulează operaţia de editare;
- **eXit** – părăseşte comanda.

Dacă se alege opţiunea **Face** *prompter*-ul comenzii este:

[Extrude/ Move/ Rotate/ Offset/ Taper/ Delete/ Copy/ coLor/ mAterial / Undo/ eXit] <eXit>: unde:

⬛ **Extrude** – aplică o extruziune feţelor plane, selectate, ale unui obiect solid 3D, la o anumită înălţime sau distanţă.

⬛ **Move** – mută feţele selectate ale unui obiect solid la o anumită înălţime sau distanţă.

⬛ **Rotate** – roteşte una sau mai multe feţe sau un grup de caracteristici ale unui solid în jurul unei axe precizate.

⬛ **Offset** – deplasează fiecare faţă la o distanţă specificată sau printr-un punct specificat.

⬛ **Taper** – teşeşte feţele unui solid. Rotaţia unghiului de înclinare este determinată de secvenţa de selecţie formată din punctul de bază şi al doilea punct plasat pe vectorul selectat.

⬛ **Delete** – elimină feţe ale unui solid, inclusiv muchiile rotunjite sau teşite.

⬛ **Copy** – copiază feţele selectate drept regiune sau corp.

⬛ **coLor** – schimbă culoarea feţelor selectate.

Selectarea feţei care va fi editată se obţine prin indicarea cu *mouse*-ul a unui punct pe faţa respectivă, în interiorul frontierelor acestora. Dacă se indică o muchie, se selectează automat cele două feţe care au muchia respectivă comună, faţa nedorită fiind apoi deselectată.

Dacă se alege opţiunea **Edge** *prompter*-ul comenzii este:

Enter an edge editing option [Copy/coLor/Undo/eXit] <eXit>:
unde:

⬛ **Copy** – copiază muchiile selectate.

⬛ **coLor** – schimbă culoarea muchiilor selectate.

În figura *a, b şi c*, se prezintă aplicarea opţiunilor *Move* şi *Offset* din opţiunea **Face**, precum şi a opţiunilor *Copy* şi *coLor* din opţiunea **Edge**.

[Extrude/Move/Rotate/Offset/Taper/Delete/Copy/coLor/mAterial   /Undo/eXit] <eXit>: **m**

Select faces or [Undo/Remove]: se selectează cilindrul F_1

Select faces or [Undo/Remove/ALL]: <**Enter**>

Specify a base point or displacement: **cen**
of se indică centrul bazei de sus, **P₁**
Specify a second point of displacement: **mid**
of se indică mijlocul segmentului ajutător, **P₂**
Solid validation started. Solid validation completed.
Enter a face editing option
[Extrude/ Move/ Rotate/ Offset/ Taper/ Delete/ Copy / coLor/ mAterial / Undo/ eXit]
<eXit>: **o**
Select faces or [Undo/Remove]: se selectează **F₁**
Select faces or [Undo/Remove/ALL]: **<Enter>**
Specify the offset distance: **-5**
Solid validation started. Solid validation completed.
Enter a face editing option
[Extrude/Move/Rotate/Offset/Taper/.../Undo/eXit] <eXit>: **<Enter>**
Solids editing automatic checking: SOLIDCHECK=1
Enter a solids editing option [Face/Edge/Body/Undo/eXit] <eXit>: **e**
Enter an edge editing option [Copy/coLor/Undo/eXit] <eXit>: **c**
Select edges or [Undo/Remove]: se selectează baza de sus a cilindrului, **E₁**
Select edges or [Undo/Remove]:
Specify a base point or displacement: se indică centrul bazei
Specify a second point of displacement: se indică punctul **C₁**
Enter an edge editing option [Copy/coLor/Undo/eXit] <eXit>: **L**
Select edges or [Undo/Remove]: se selectează muchia, **E₂**
Select edges or [Undo/Remove]: **<Enter>**, se alege culoarea dorită (roşu) din caseta de dialog **Select Color,** după care se apasă butonul **OK**
Enter an edge editing option [Copy/coLor/Undo/eXit] <eXit>: **<Enter>**
Solids editing automatic checking: SOLIDCHECK=1
Enter a solids editing option [Face/Edge/Body/Undo/eXit]
<eXit>: **<Enter>**

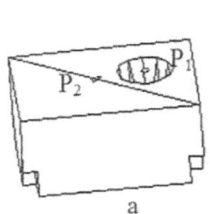  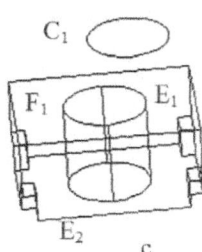

a   b   c

Dacă se alege opţiunea **Body** *prompter*-ul comenzii este:
[Imprint/seParate solids/Shell/cLean/Check/Undo/eXit] <eXit>:
unde:
⬚ **Imprint** – imprimă un obiect pe solidul selectat. Obiectul care va fi imprimat trebuie să intersecteze una sau mai multe dintre feţele solidului selectat pentru ca imprimarea să se realizeze cu succes.
⬚ **seParate** – separă obiectele solide 3D cu volume disjuncte în obiecte solide independente.

Shell – permite crearea unei cavități paralelă cu suprafața solidului.

Clean – elimină muchiile și *vertex*-urile excedentare.

Check – validează un solid ca solid ACIS valabil, independent de valoarea variabilei de sistem *SOLIDCHECK*.

Pentru a obține informații privind unele proprietăți ale modelelor solide create se folosește comanda **MASSPROP**.

Această comandă poate fi accesată astfel:

- *Bara cu instrumente → Inquiry → Region /Mass Properties*
- *Meniu → Tools → Inquiry → Region /Mass Properties*
- *Comandă → Region /Mass Properties*

Aceste informații sunt prezentate relativ la UCS-ul curent.

Command: **MASSPROP**

Select objects: se selectează solidul creat

Select objects: <*Enter*>

---------------- SOLIDS ----------------

Mass – masa solidului selectat.

Volume – volumul solidului. Deoarece în AutoCAD densitatea este egală cu unu masa și volumul solidului au aceeași valoare.

Bounding box – se definește paralelipipedul de încadrare al solidului selectat, prin indicarea a trei colțuri opuse ale acestuia.

Centroid – coordonatele centrului de masă.

Moments of inertia – momentul de inerție polar în raport cu centrul de masă.

Product of inertia – momentul de inerție centrifugal în raport cu două direcții paralele cu axele UCS-ului curent, care trec prin centrul de masă.

Radii of gyration – raza de girație.

Principal moments and X-Y directions about centroid – momentele de inerție principale (valorile extreme ale momentelor de inerție axiale) și direcțiile axelor față de care se calculează acestea, care trec prin centrul de masă.

Write analysis to a file? [Yes/No] <N>: <*Enter*> se pot salva datele obținute într-un fișier.

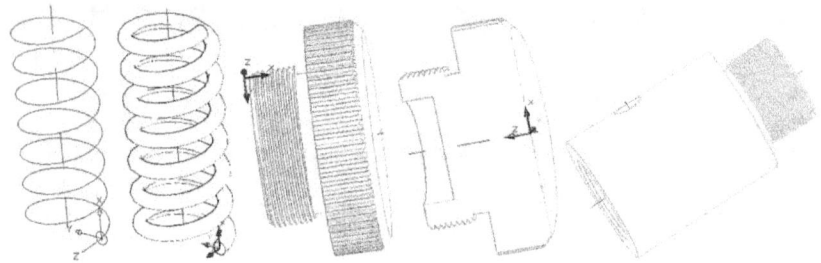

Aplicație:

Să se reprezinte și să se coteze piesele următoare. Într-un *layer* nou denumit **Solid** având culoarea roșie să se definească solidele 3D. (Se închide *layer*-ul **Cote**. Se transformă în polilinie profilul 2D al fiecărei piese. Grosimea pieselor este de 20. Solidele 3D se obțin cu ajutorul comenzii **EXTrude**).

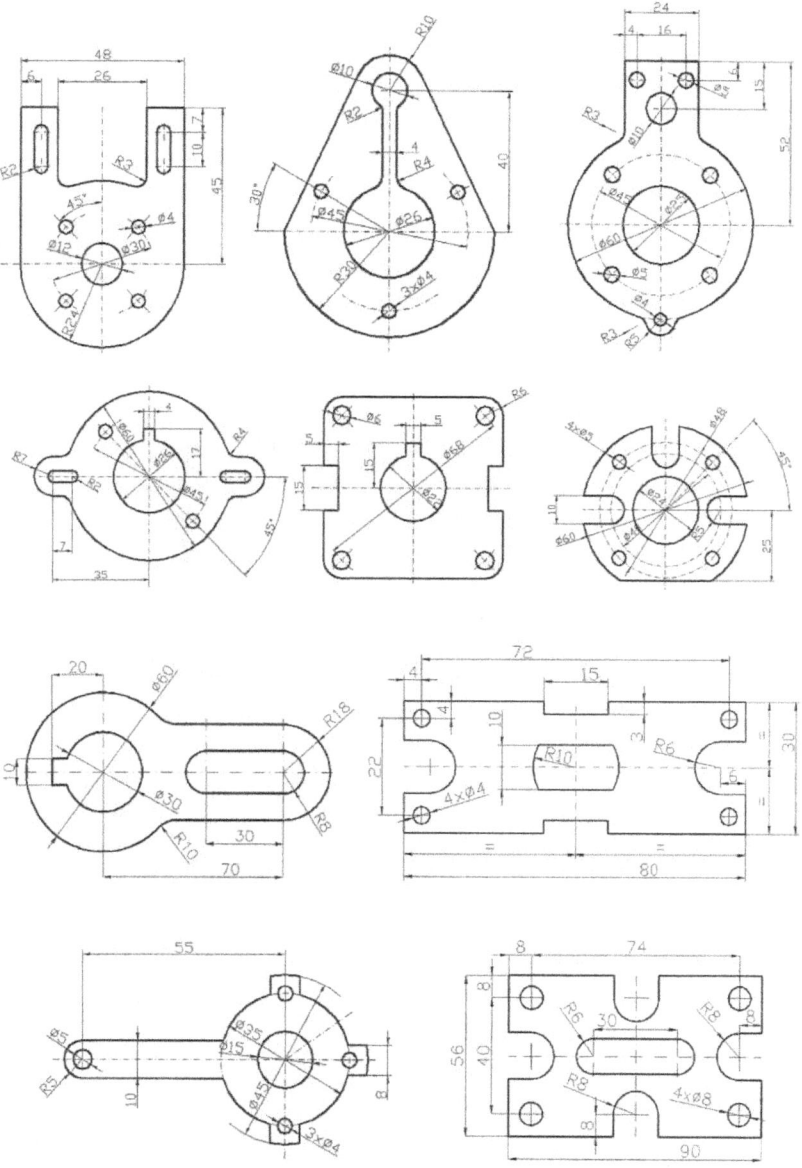

DIVERSE TEHNICI DE MODELARE 3D

În AutoCAD suprafețele sunt ca și în geometrie fără grosime. Deși, utilizând elemente liniare putem obține iluzii de suprafețe (și chiar de volume) sub formă de wireframes, se dorește ca suprafața construită să fie (cât mai) opacă, ascunzând elementele care se află în spatele ei. Pentru a aplica efectiv ascunderea trebuie aplicată comanda **HIDE**.

Totuși nici comanda HIDE nu are efect întotdeauna. În figura de mai jos s-a construit o suprafață spațială de forma unui abajur cu ajutorul comenzii **ARray POlar**, rotind (și multiplicând prin rotație) o linie curbă în jurul unei axe oblice (s-au selectat 200 items; adică 200 de obiecte-copii). La o astfel de pseudo-suprafață nici comanda HIDE nu poate produce opacizarea prin ascundere. Grosimea liniei stratului este de 0.25 [mm], și la un număr de 200 linii (destul de apropiate între ele) această grosime ar trebui să se vadă și să opacizeze figura fără să mai fie necesară o altă comandă sau îngroșarea liniei; problema este că pe desen grosimea liniei nu se observă dacă nu o cerem noi.

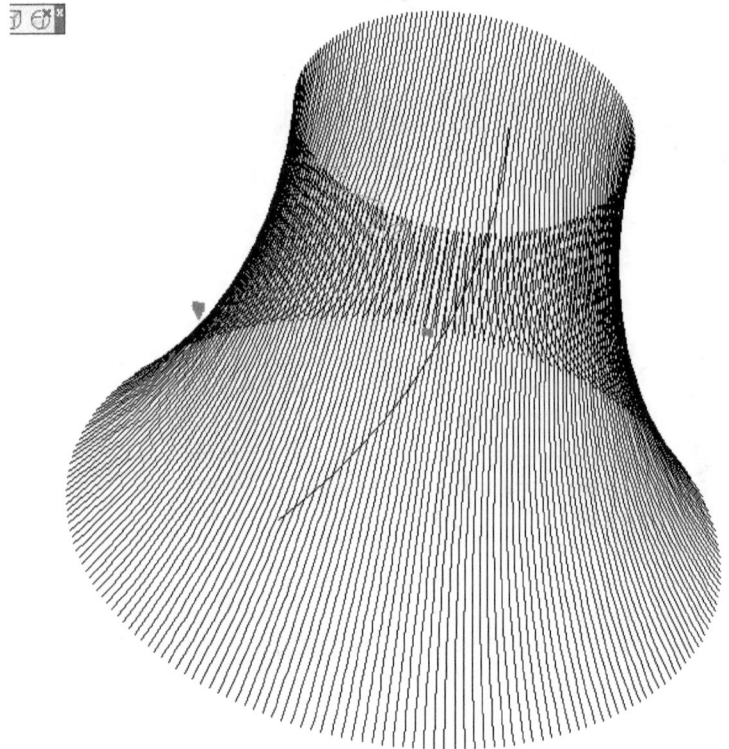

În caseta ce se deschide prin comanda **LineWeight** (vezi figura următoare) bifăm caseta **Display Lineweight**, iar potențiometrul de afișare îl punem (reglăm) pe valoarea maximă „Max", pentru a obține grosimea maximă a liniilor posibilă a fi vizualizată pe desen. Efectul este imediat (vezi figurile de mai jos).

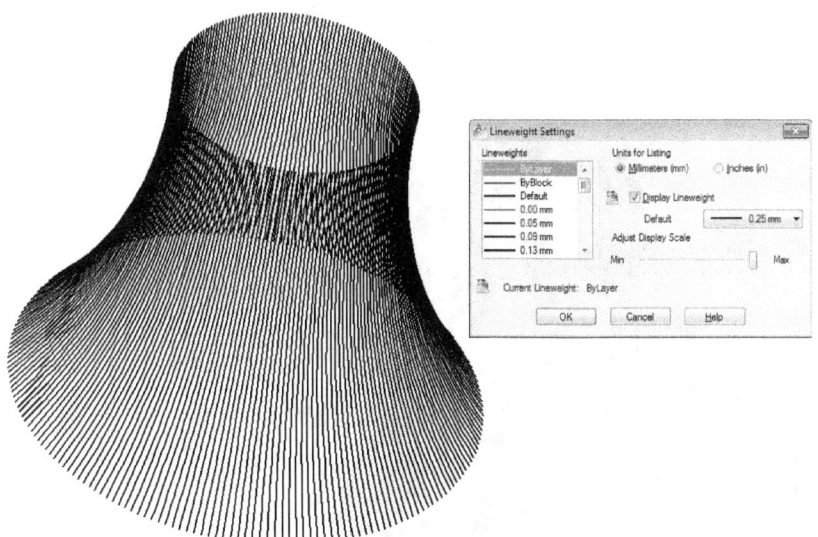

Senzația de spațialitate (conferită prin opacizare) este evidentă.

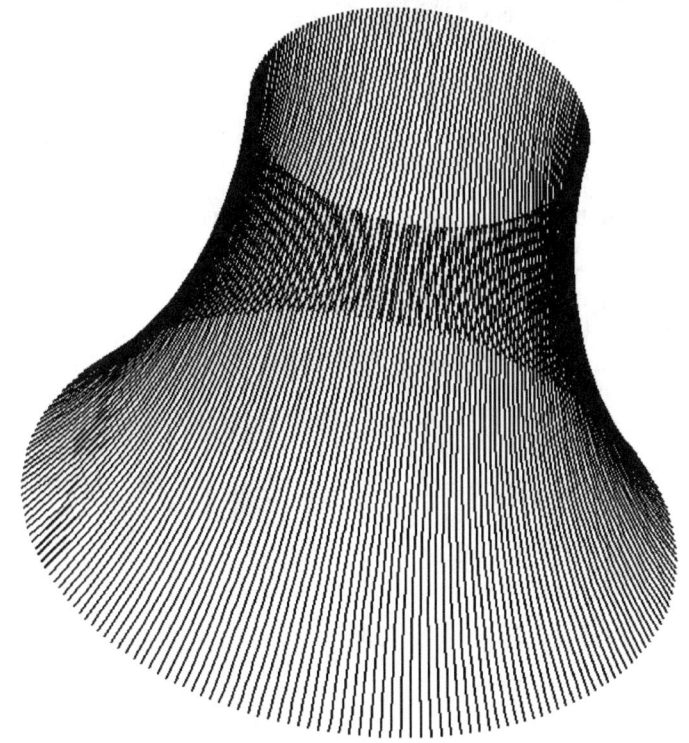

În continuare efectuăm pasul următor și anume alegem o linie mai groasă pentru stratul de desenare.

Trecerea la grosimea imediat următoare a liniei de desenare, de 0.3 [mm], are ca efect opacizarea desenului, într-o măsură covârșitoare (vezi figura de mai jos), astfel încât abajurul „nostru" începe să semene (mai degrabă) cu o pălărie.

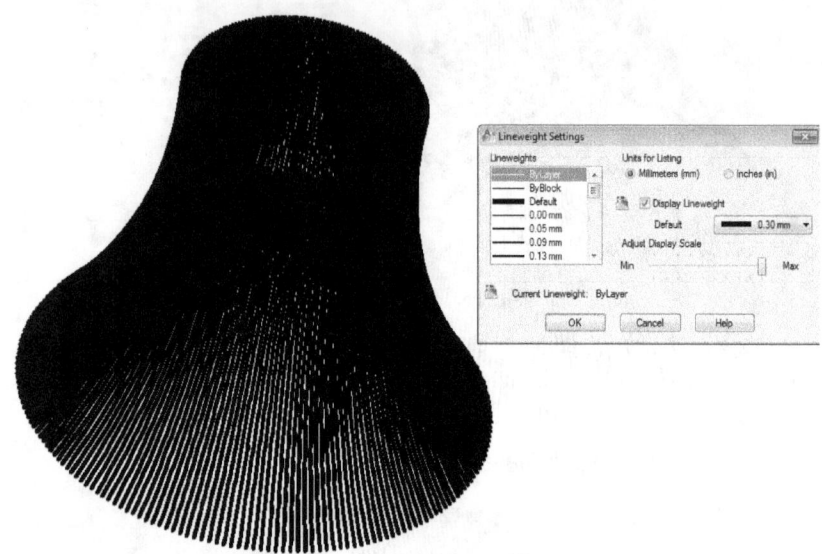

O modalitate simplă de a începe construcția de obiecte spațiale, este utilizarea comenzii **3DFace**, care permite trasarea de suprafețe elementare în formă de secțiuni diagonale ale unor paralelipipede dreptunghice (o suprafață dublă, spațială, creată din patru linii, cuprinde două secțiuni plane ce au o linie comună: o secțiune e formată din trei diagonale aparținând la trei fețe cu un vârf comun ale unui paralelipiped dreptunghic, iar a doua secțiune e formată de diagonala dreptunghiului unei fețe a paralelipipedului și de două muchii perpendiculare aparținând aceluiași dreptunghi; linia comună nu se vede, astfel încât din cele cinci linii care participă la construcție, sunt vizibile doar patru; vezi figura de mai jos).

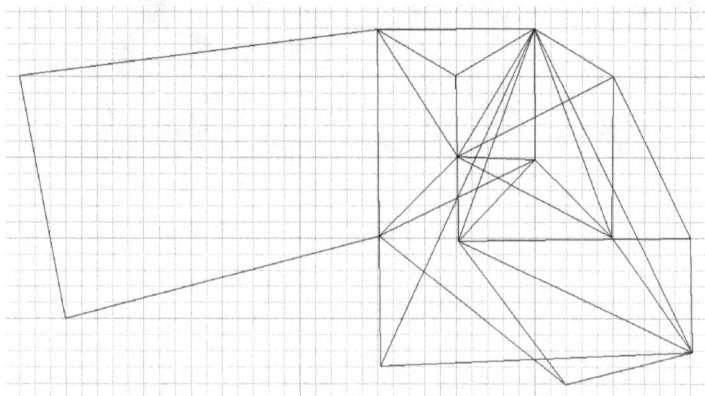

Comanda **REVSurf** transformă o curbă plană (figura de mai jos-stânga) într-o suprafață de rotație (figura de mai jos-dreapta), curba plană fiind rotită cu unghiul indicat (aici 120⁰ [deg]), în jurul unei axe (linii) indicate (s-a indicat ca axă de rotație linia trasată paralel cu axa Y (vezi figura din stânga-jos).

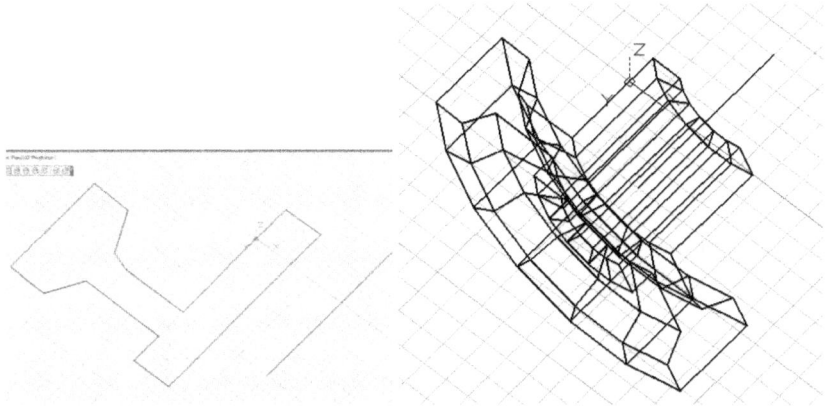

Observație: Densitatea rețelei este controlată prin variabilele de sistem **SURFTAB1** (controlează densitatea meridianelor) și **SURFTAB2** (controlează densitatea pe axă – e mai puțin importantă), setate ambele implicit pe valoarea 6. Dacă le trecem de exemplu pe valoarea 20 (pe fiecare din cele două variabile de sistem), construcția anterioară va arăta conform figurii din stânga-jos, iar în cazul când vom atribui fiecăreia din cele două variabile de sistem mai sus amintite valoarea 60, piesa de rotație obținută are aspectul din figura de mai jos-din dreapta.

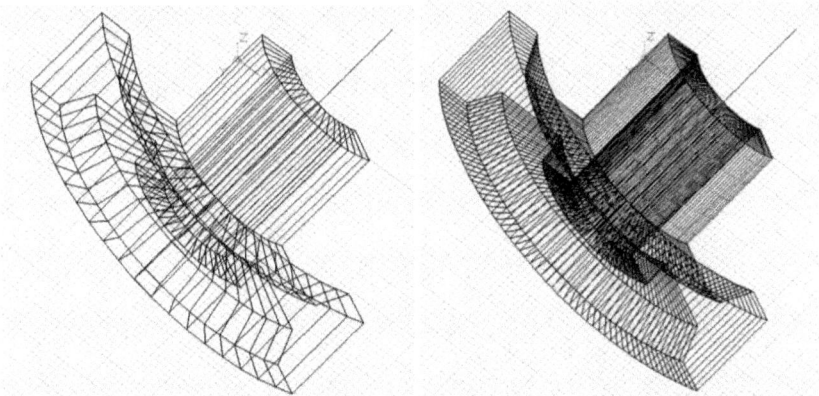

Comanda **REVSurf** se asociază foarte bine cu comanda **Hlde** (care opacizează solidele create).

În figura de mai jos, piesa din stânga obţinută cu **REVSurf** se opacizează imediat cu comanda **HIde** dată de exemplu de la tastatură, şi capătă aspectul din dreapta.

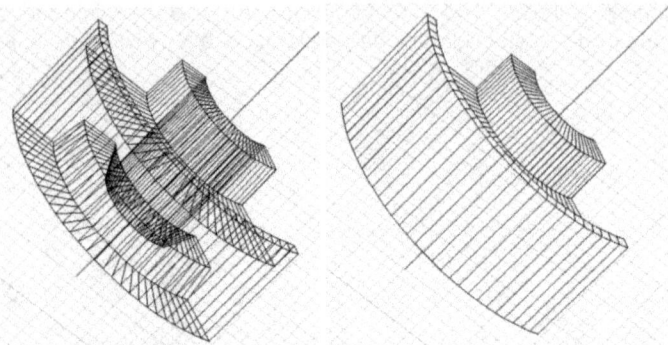

Comanda hide se poate aplica şi prin meniul **View→Hide**.

Pentru obţinerea unei suprafeţe extrudate (de exemplu o şină de cale ferată), se poate aplica comanda **TABSurf** pe un profil (vezi figura de mai jos-stânga), de-a lungul unei drepte, şi se obţine figura din dreapta-jos.

Modelele astfel obţinute nu se pretează (în general opacizării cu hide), fapt pentru care ele vor putea fi construite cu alte comenzi pentru a putea fi apoi opacizate direct cu hide.

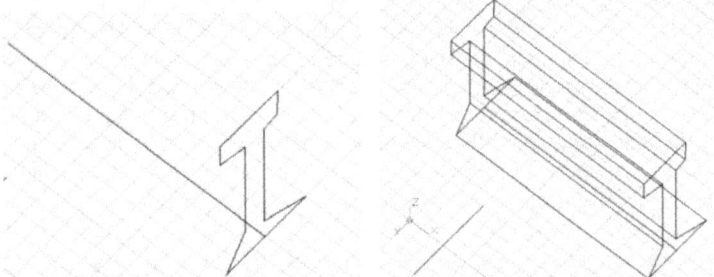

Comanda **SWeep** înlocuieşte comanda TABSurf şi acceptă (în general cu bune rezultate) şi aplicarea ulterioară a comenzii hide (vezi figura de mai jos).

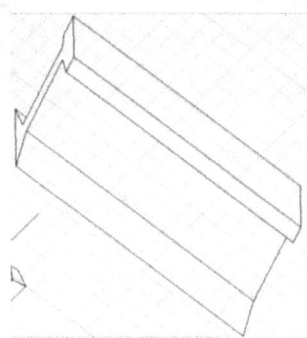

Tabsurf, mai poate fi înlocuită și cu comanda *EXTrude*, însă comanda extrude lucrează pentru obiecte plane (de tip contur închis - polilinie) poziționate într-un plan orizontal cărora le conferă o grosime (înălțime) pe verticală, transformându-le astfel în corpuri (solide). Obiectul (contur închis plan, format dintr-o polilinie) din figura de mai jos-stânga, a fost extrudat cu comanda EXTrude și i s-a conferit astfel o grosime (vezi figura de mai jos-dreapta).

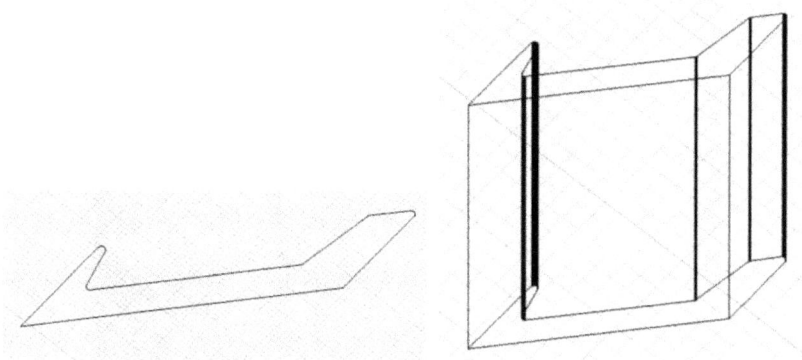

Comanda extrude se pretează în general la opacizare cu hide, dar opacizarea nu reușește întotdeauna foarte bine și stabil (cel puțin cu comanda hide).

Pentru piesa obținută anterior, comanda *HIde*, este posibilă cu răsturnarea obiectului (atâta timp cât nu îl mișcăm; în caz contrar trebuie reaplicată comanda hide ori de câte ori mișcăm solidul obținut cu *EXTrude*). Există însă și varianta utilizării (aplicării asupra obiectului extrudat) a unuia din diversele stiluri posibile (vezi imaginea de mai jos); din meniul *View*, alegem *Visual Styles*, și apoi încercăm pe rând diversele stiluri din meniul afișat pentru a observa efectul lor asupra obiectului.

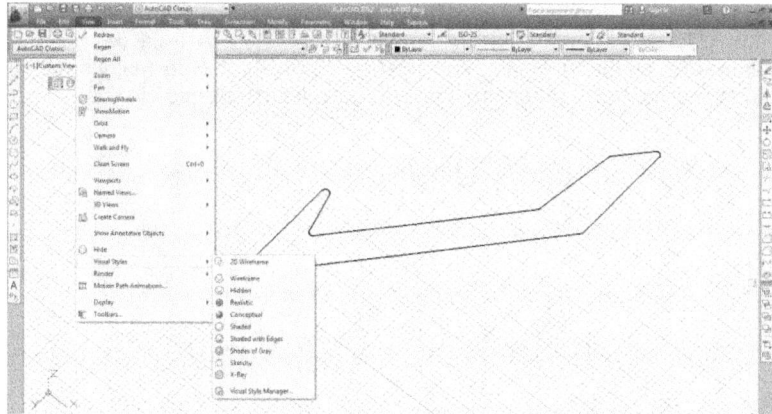

Pentru cazul (obiectul) în discuție, dau rezultate bune (realizând opacizarea corpului) stilurile: „Hidden", „Realistic", „Conceptual", „Shaded", „Shaded with Edges", „Shaded of Gray" și „Sketchy" (vezi imaginea de mai jos).

Evident, se alege unul singur dintre ele (din toate stilurile funcționale).

Să explicăm acum comanda **EXTrude**. Desenăm un cerc plan în spațiu (figura de mai jos stânga); dăm apoi comanda extrude, și ni se cere să selectăm obiectul plan de extrudat; selectăm cercul și dăm <Enter>; ni se cere imediat să specificăm înălțimea extruziunii (pozitivă sau negativă, sau putem mișca mouse-ul întinzând cercul într-un cilindru în jos sau în sus, pentru a defini înălțimea cilindrului format direct pe desen; vezi figura de mai jos-a doua), sau să precizăm un unghi de înclinare la extruziune (pozitiv, ori negativ) „Taper angle", (de exemplu de 10 deg) astfel încât să construim un trunchi de con (sau con) în loc de cilindru, trăgând de mouse în jos (figura a treia de mai jos, conicitatea va fi orientată în jos), sau în sus (figura a patra de mai jos, conul sau trunchiul de con se vor construi cu vârful respectiv baza mică în sus).

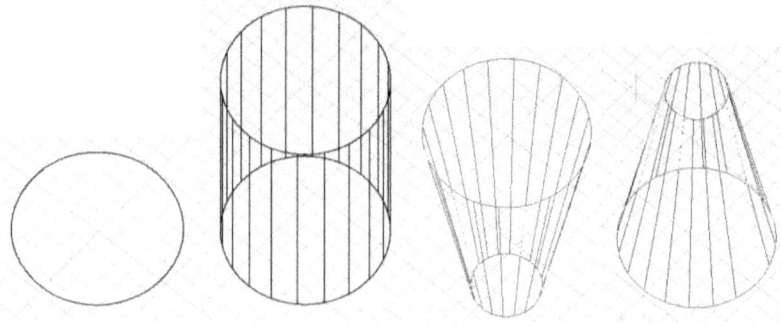

Se poate extruda şi o curbă (polilinie) deschisă (vezi figura de mai jos).

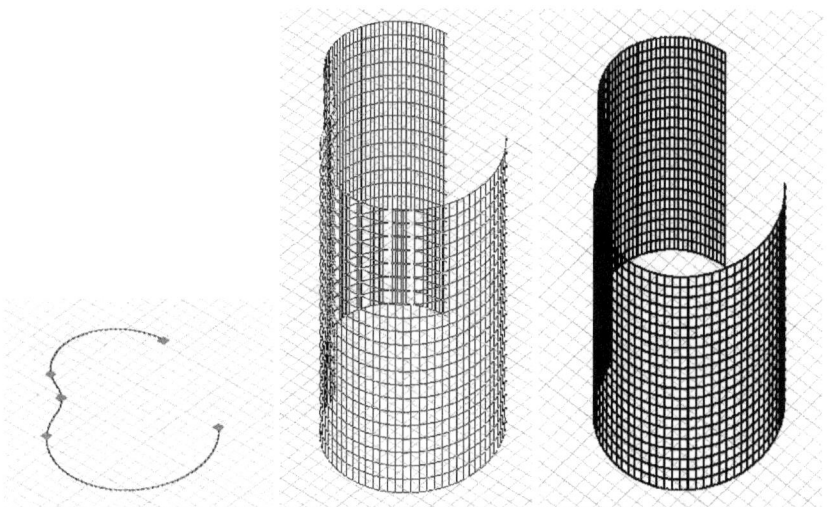

Operaţia de extruziune se poate face şi după o anumită cale (path) generatoare, care trebuie indicată; după ce s-a indicat obiectul şi s-a dat <Enter>, se selectează „Path", sau se tastează „P" urmat de <Enter>, apoi se indică (selectează) calea, şi extruziunea obiectului se face după direcţia căii indicate (vezi exemplele de mai jos).

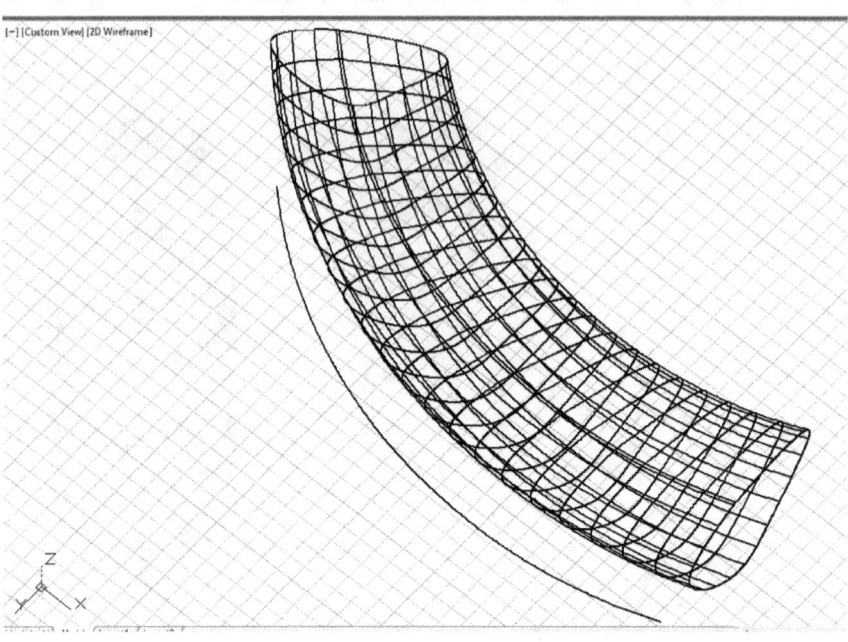

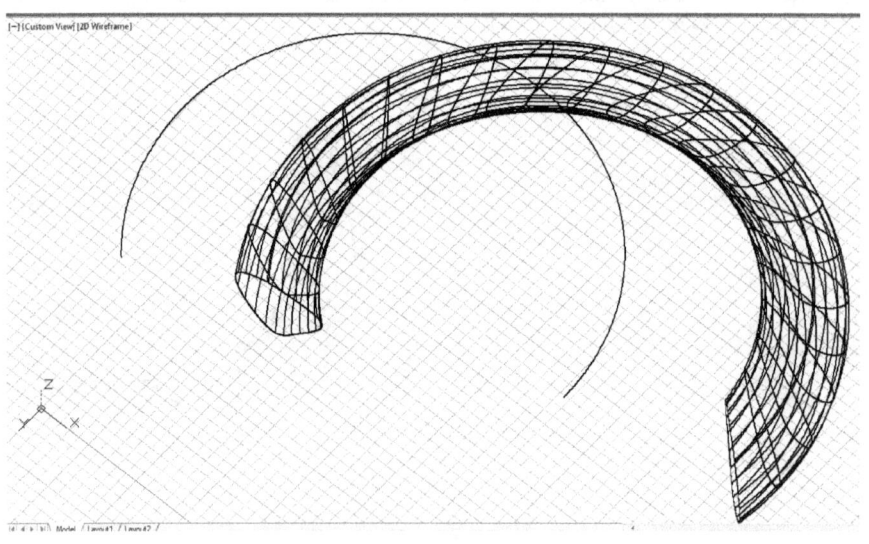

Comanda **EDGesurf** generează suprafețe bazate pe patru curbe spațiale oarecare (cele patru curbe pot fi așezate oricum în spațiu cu condiția de a fi conectate cap la cap, în serie). Cele patru arce de cerc din figura de mai jos-stânga crează prin comanda EDGesurf o rețea (suprafață spațială); comanda ne cere indicarea pe rând a celor patru curbe înseriate; suprafața din dreapta-jos a fost creeată cu **SURFTAB1**=30 și **SURFTAB2**=6; dacă îi atribuim și lui **SURFTAB2** tot valoarea 30 obținem o rețea mai densă atât pe paralele cât și pe meridiane (ca-n figura de la mijloc de mai jos).

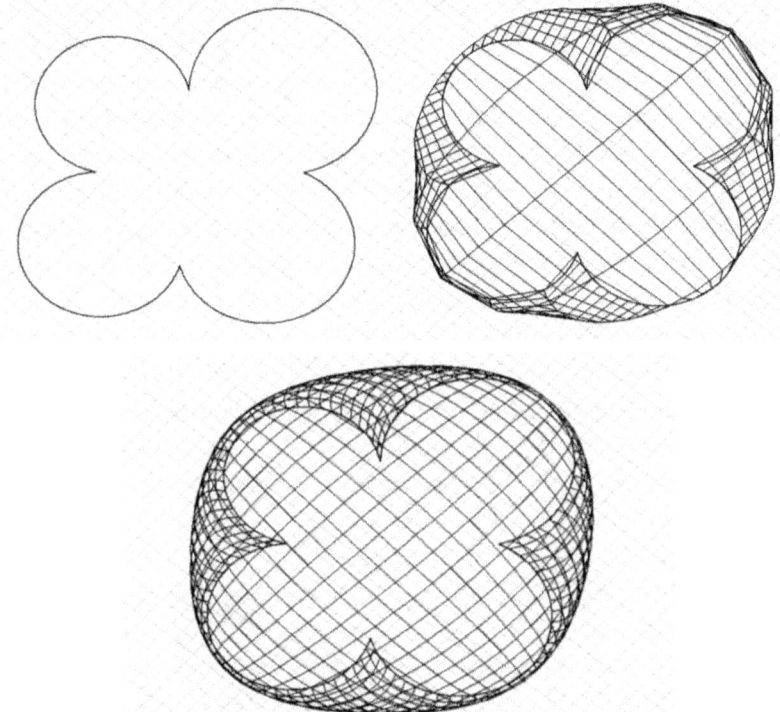

Suprafața din figura de mai jos dreapta a fost obținută din patru curbe puse cap la cap (figura de mai jos stânga) cu ambele variabile de sistem ce controlează densitatea rețelei setate pe 60.

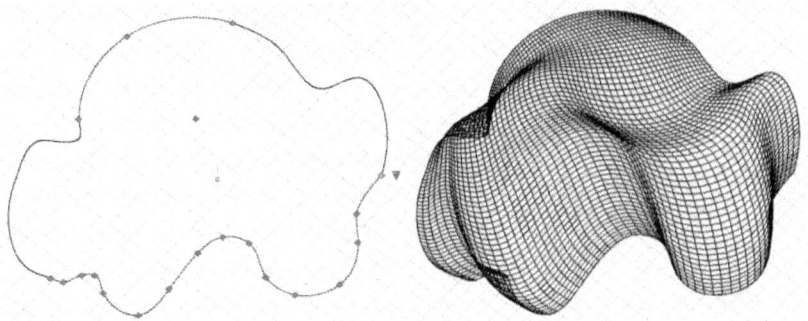

Comanda **RUlesurf** desenează o suprafață generată de o dreaptă ce se sprijină pe două obiecte (curbe) directoare (vezi figurile de mai jos).

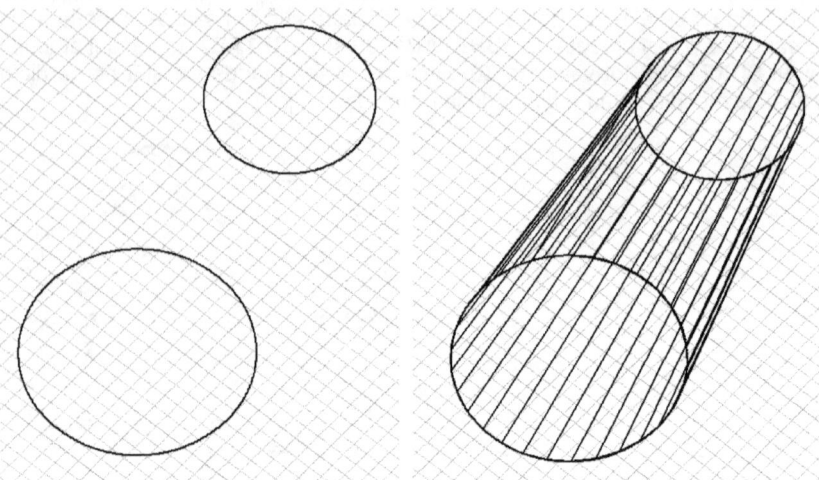

Când una din curbe este redusă la un punct suprafața generată arată ca în figura de mai jos.

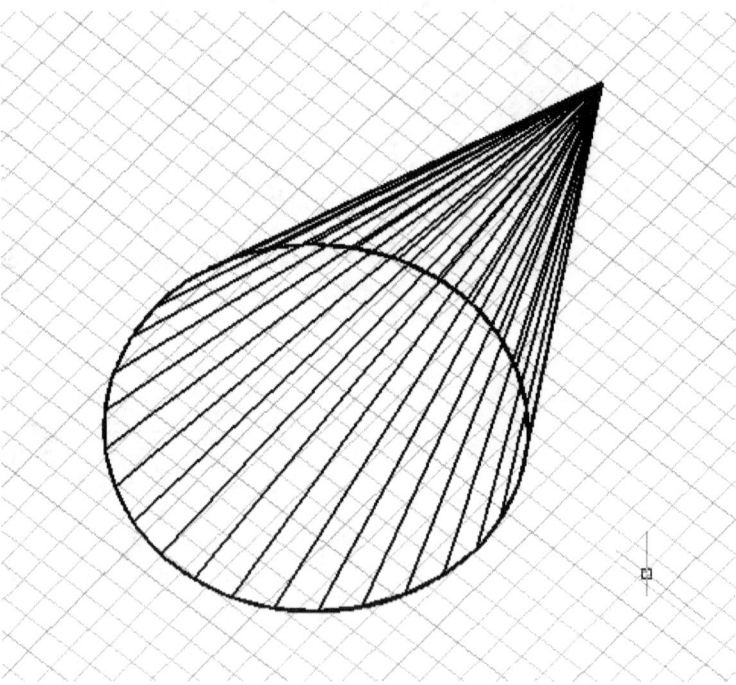

Comanda **REVolve** (revoluție) ne cere selectarea obiectului generator ce trebuie rotit în jurul unei axe. Selectăm elipsa ce se situează în planul YoZ (vezi figura de mai jos din stânga) şi dăm <Enter>; ni se cere în continuare precizarea axei de rotaţie (de revoluţie) prin puncte, prin precizarea unui obiect (O) axă, sau prin indicarea directă a uneia din axele X/Y/Z. Tastăm Z şi dăm <Enter>; obiectul se construieşte fie prin tragere cu mouse-ul, fie prin indicarea unui unghi de revoluţie (implicit 360 deg). Dacă dăm direct <Enter> se va face o revoluţie completă de 360 [deg] (vezi figura de mai jos din dreapta).

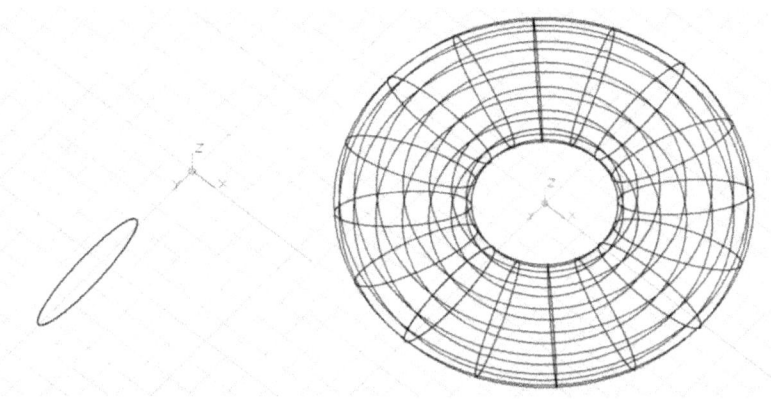

Dacă indicăm spre exemplu un unghi de 270 [deg] torul deformat creat va fi incomplet (de numai 270 deg) aşa cum se vede în figura de mai jos (a rezultat un tor din care lipseşte exact un sfert).

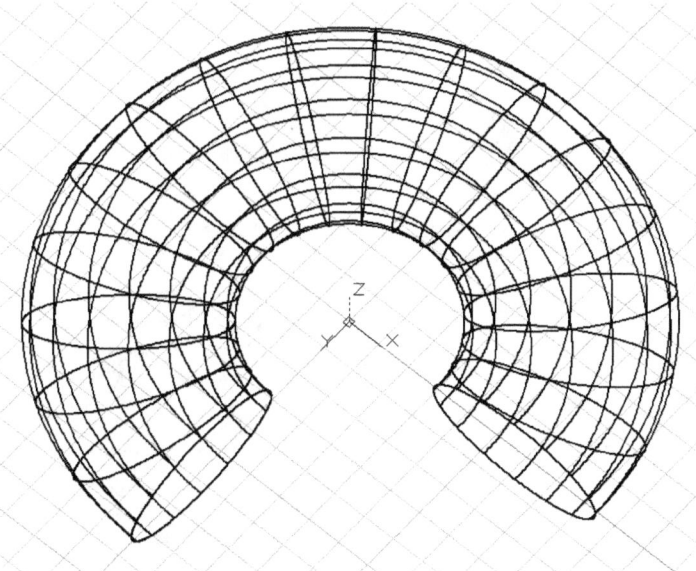

La creearea unei suprafeţe, variabila de sistem **SURFACEModelingmode** controlează tipul suprafeţei create; valoarea 0 indică creearea unei suprafeţe procedurale, în timp ce valoarea 1 determină creearea de suprafeţe „NURBS".

Se pot crea suprafeţe sau obiecte solide.

Cu comanda **REVolve** se poate roti (de exemplu cu 360 deg) o curbă eliptică deschisă situată în planul YoX în jurul axei X (vezi figura de mai jos dreapta), ...

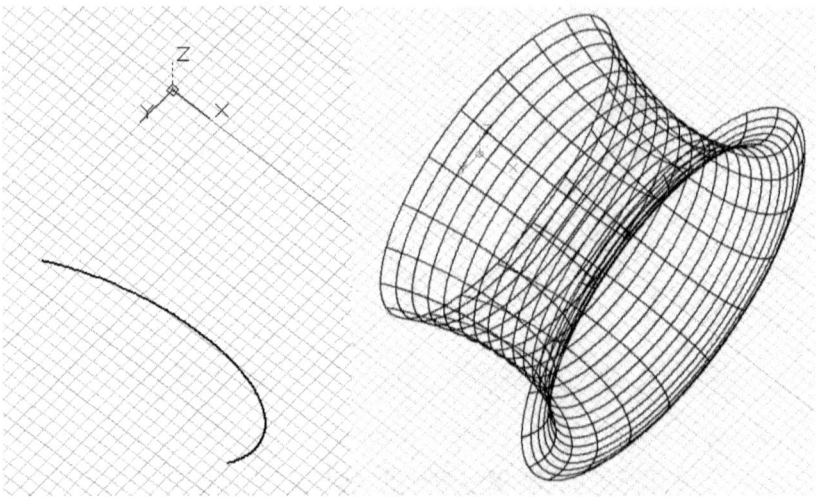

...sau în jurul axei Y (vezi figura de mai jos). După axa Z nu se poate!

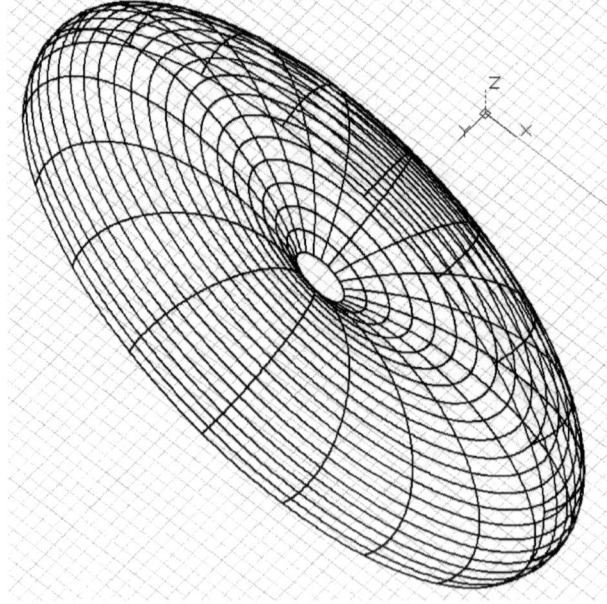

Cu comanda **REVolve** se poate roti (de exemplu cu 360 deg), un poligon plan închis (situat în planul YoX), în jurul axei X (vezi figura de mai jos dreapta), ...

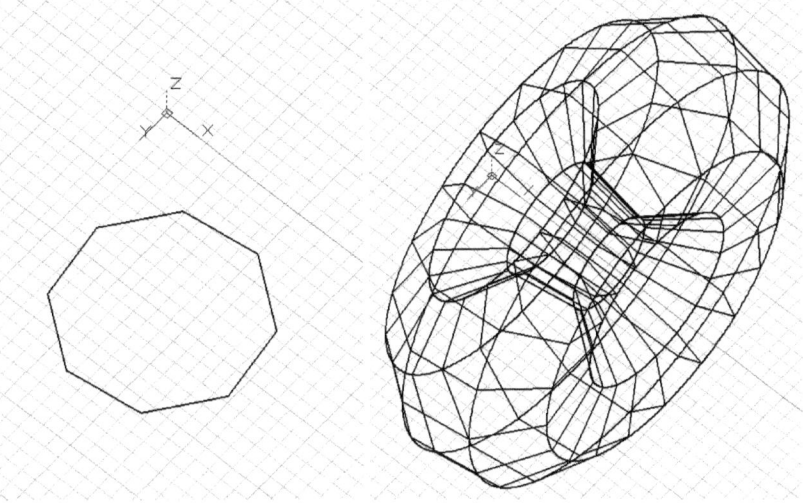

...sau în jurul axei Y (vezi figura de mai jos). După axa Z nu se poate!

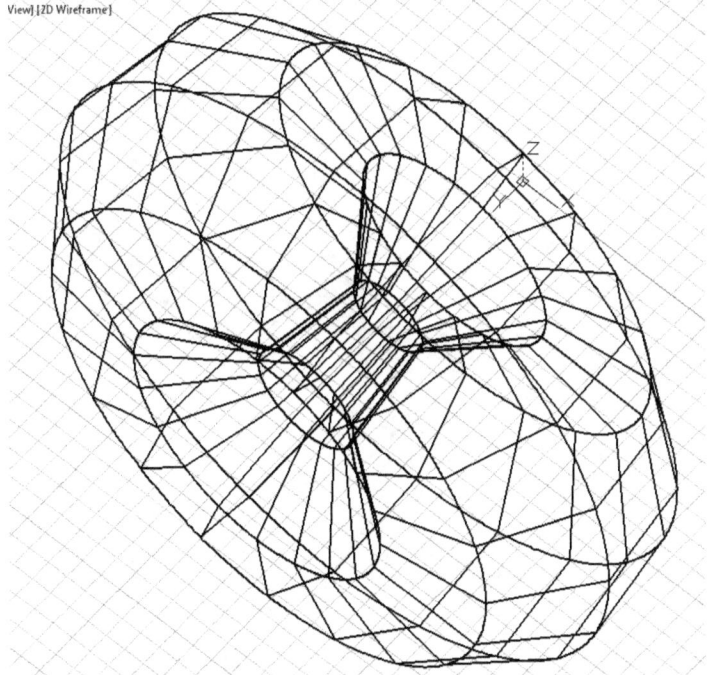

Cu comanda *REVolve* se poate roti (de exemplu cu 360 deg), un cerc închis (situat în planul YoX), în jurul axei X (vezi torul rezultat în figura de mai jos dreapta), ...

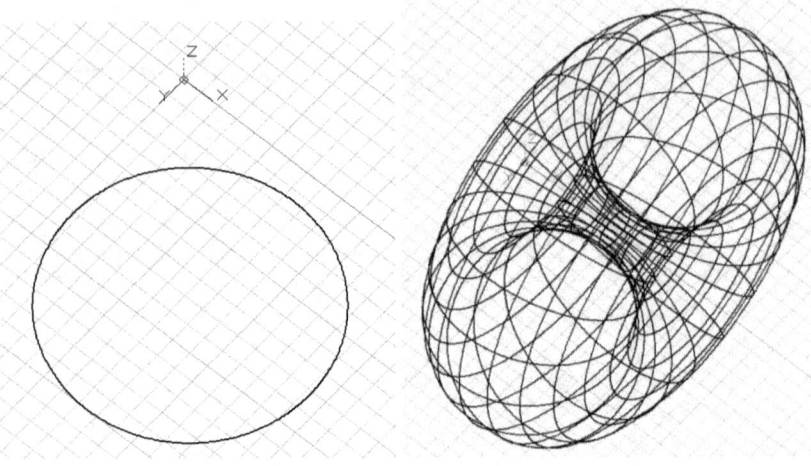

...sau în jurul axei Y (vezi figura de mai jos). După axa Z nu se poate!

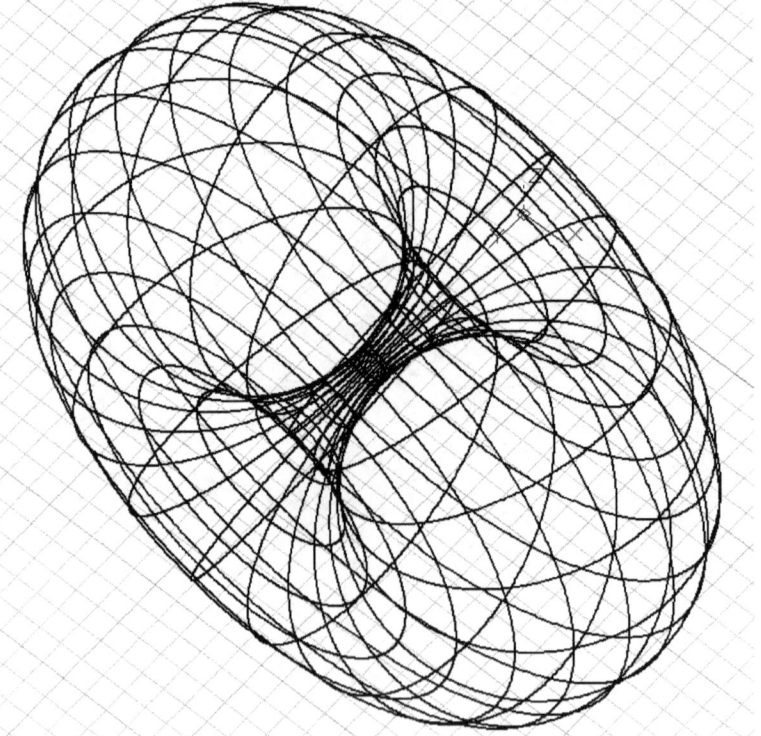

Dacă dorim un tor cu alt raport între diametre, alegem cercul de rotaţie mai mic şi mai depărtat faţă de axa de rotaţie.

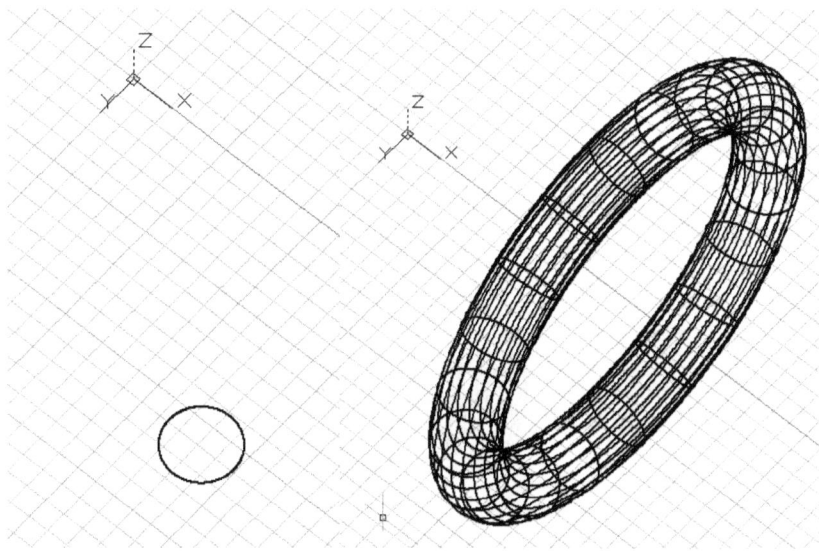

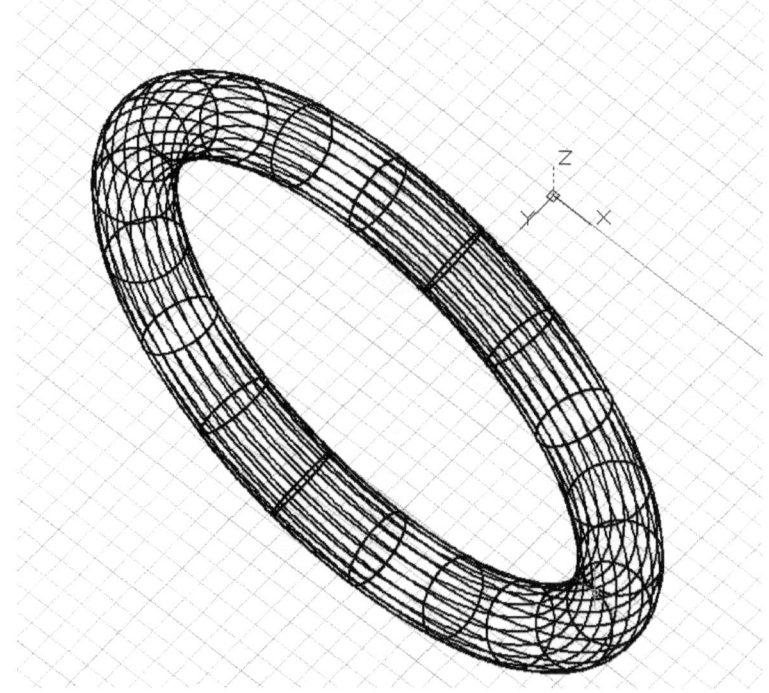

Cu comanda **REVolve** se poate roti (de exemplu cu 360 deg), un complex format din trei obiecte, două cercuri și o dreaptă (situat în planul YoX), în jurul axei X (vezi figura de mai jos dreapta), ...

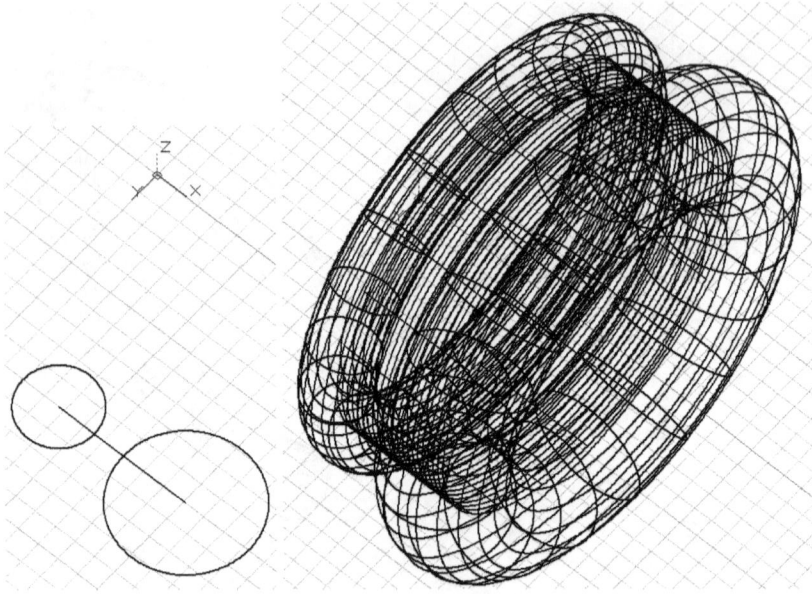

...sau în jurul axei Y (vezi figura de mai jos). După axa Z nu se poate!

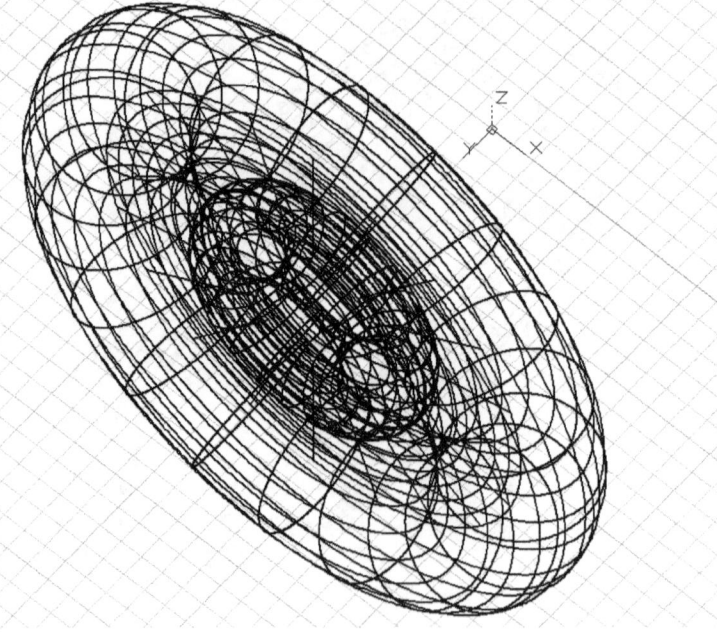

Reuniunea a două sau mai multe solide într-unul singur se poate realiza cu comanda **UNIon**.

Această comandă realizează practic operația matematică de reuniune a două sau mai multe mulțimi, fiecare obiect solid fiind privit ca o mulțime.

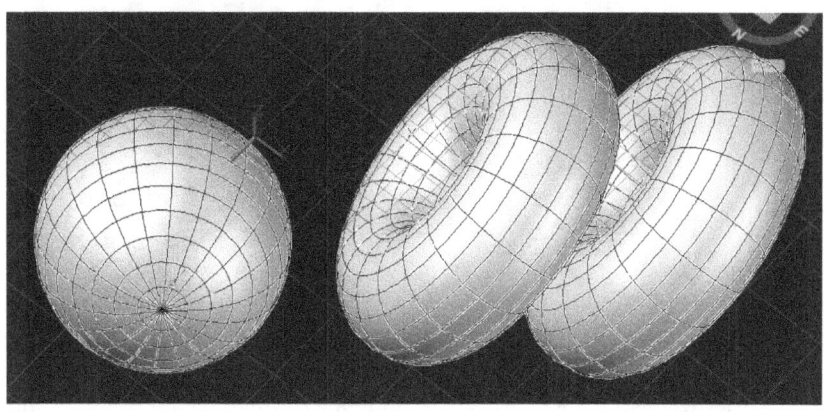

Prin reuniunea celor trei solide de mai jos cu ajutorul comenzii **UNIon** corpurile fiind distanțate s-au grupat formând un singur obiect.

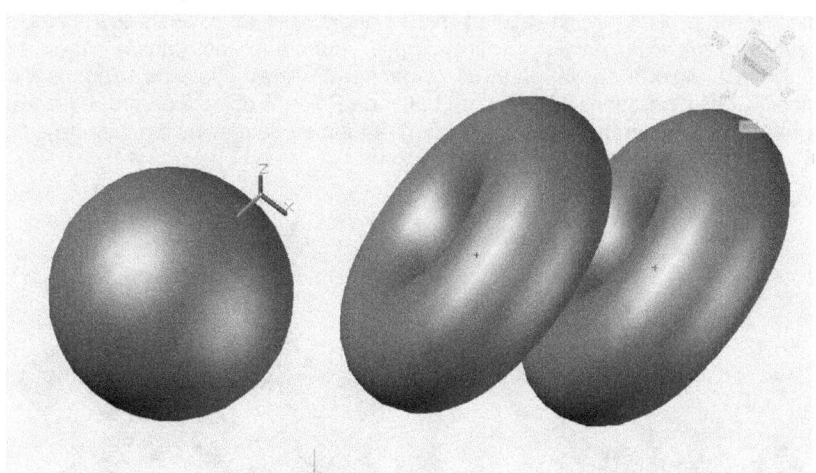

Efectul și rostul acestei comenzi se poate observa mai clar atunci când obiectele ce trebuiesc reunite sunt întrepătrunse (ca-n imaginile de mai jos; interferă). După reuniunea (alipirea lor) cu ajutorul comenzii UNIon într-un singur obiect, se vede clar cum din trei corpuri solide intersectate a rezultat unul singur (care mai poate fi eventual prelucrat în continuare).

Practic o sferă plină și două anvelope solide (pline) au interferat și au produs un corp comun (un singur obiect solid).

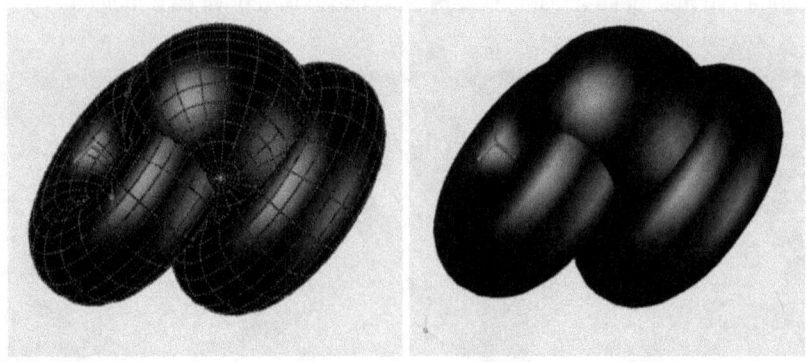

În exemplul de mai jos (figura de mai jos-stânga), s-au construit cele două forme (suportul flanșei și bara cilindrică); flanșa prin rotirea unui dreptunghi (cu comanda *REVolve*, rotind un dreptunghi situat în planul YoX în jurul axei X); iar bara cilindrică prin construirea unui cerc în planul YoX, care apoi s-a rotit (cu ROTATE 3D) în jurul axei oY cu un unghi de 90 deg pentru a se poziționa în întregime în planul YoZ, unde apoi se extrudează de-a lungul axei X; se ia cilindrul plin rezultat (bara cilindrică) și se poziționează exact în centrul uneia din găurile viitoarei flanșe (suportului de flanșă). Apoi s-a multiplicat cilindrul de dat găuri cu comanda 3D Array (luată de exemplu din: Modify→3D Operations→3D Array); opțiunea Polar; 6 obiecte pentru realizarea a șase găuri egal depărtate între ele (vezi imaginea de mai jos din dreapta).

Urmează găurirea propriuzisă cu comanda **SUbtract**, la care se indică (selectează) mai întâi platforma ce trebuie găurită, și apoi toți cilindrii care trebuie extrași pentru a lăsa goluri în urma lor; rezultatul se poate vedea în figura de mai jos (unde apare flanşa găurită).

În continuare pe partea superioară a flanşei aplicăm o teșire cu **CHAmfer**; și obţinem deja suportul flanşei (vezi figura de mai jos).

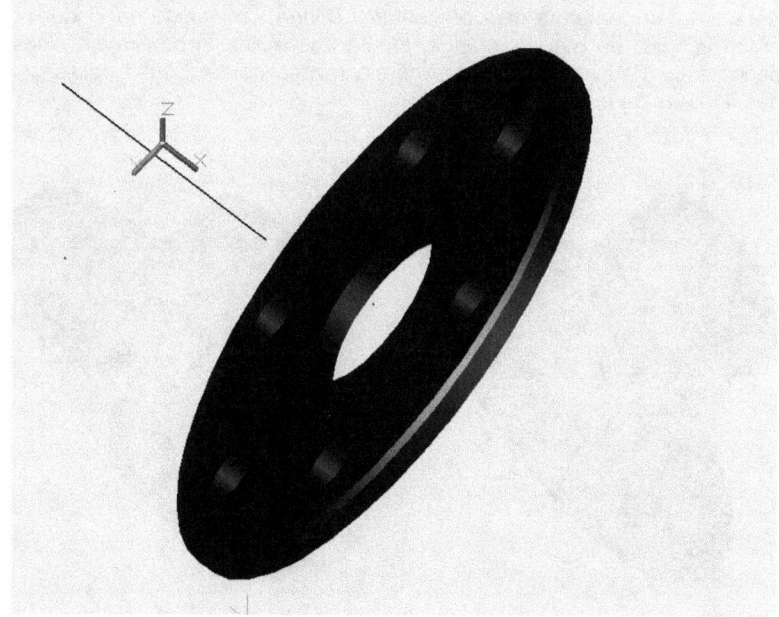

Acum pregătim tubul (țeava cilindrică) ce trebuie adăugată suportului flanșei, construind-o asemenea suportului flanșei, dintr-un dreptunghi desenat (automat în planul YoX) corespunzător, rotit apoi în jurul axei X cu comanda *REVolve*; el este tras apoi (lăsat să alunece) de-a lungul axei X, până se așează pe suportul de flanșă (ca o variantă alternativă ar fi putut fi aliniat, sau deplasat cu Move); interferența se verifică cu *Interference Checking* (vezi imaginile de mai jos).

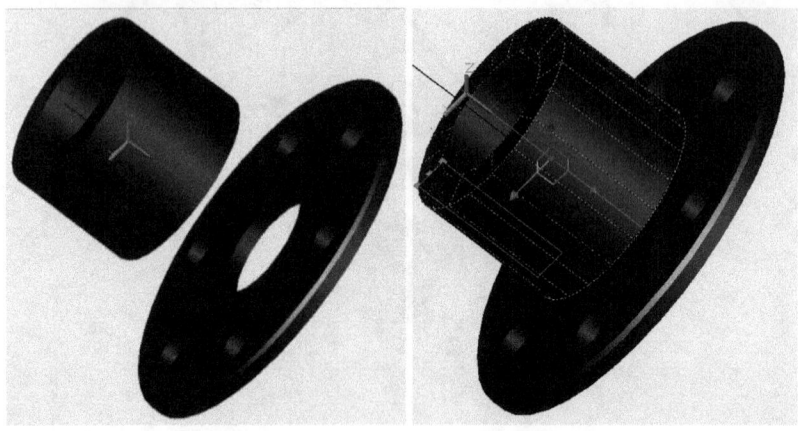

Următoarea operație logică este reuniunea (alipirea, contopirea) celor două solide, cu comanda deja prezentată *„UNIon"*; se obține un singur solid conform imaginii de mai jos stânga, căruia i se aplică în continuare o teșire superioară cu *„CHAmfer"*, în urma căreia rezultă obiectul solid ce se poate vedea în figura de mai jos din dreapta.

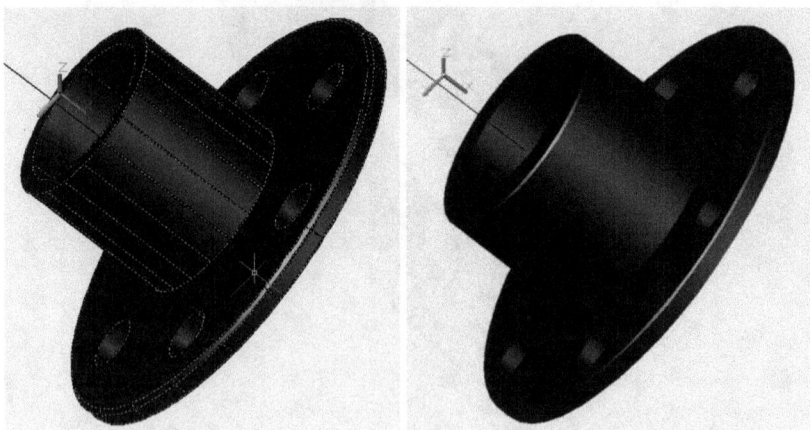

Comanda **SLice** taie un obiect spaţial în două cu ajutorul unui plan tăietor indicat prin trei puncte (implicit), sau prin diverse alte metode conferite de opţiunile afişate. Piesa anterioară a fost tăiată în două bucăţi, care au fost păstrate (ambele) în desen, iar apoi separate (îndepărtate; a se vedea figurile de mai jos).

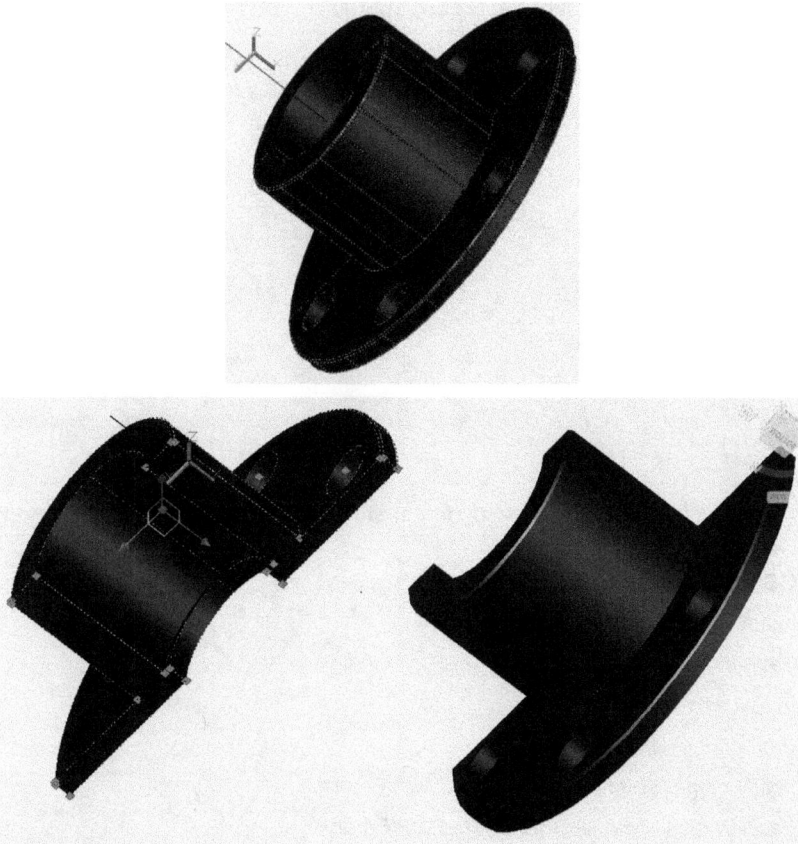

Opţiunile tăierii cu **SLice** sunt:

3Points – utilizează trei puncte pentru definirea planului tăietor.

Object – aliniază planul de tăiere la un cerc, o elipsă, un arc de cerc sau de elipsă, ori o curbă spline sau o polilinie 2D.

Z - axis – defineşte planul de tăiere prin specificarea unui punct din plan şi a unui punct de pe axa OZ.

View – aliniază planul de tăiere cu planul de vizualizare din viewport-ul curent.

XY, YZ, ZX – Orientează planul de tăiere faţă de planele XOY, YOZ, respectiv ZOX, ale sistemului de coordonate UCS curent.

La final, după indicarea planului de tăiere, se indică un punct al jumătății ce va fi oprită. Sau se opresc ambele jumătăți și se îndepărtează, ca-n figura anterioară.

Temă: Să se construiască un racord spațial

Se stabilesc două straturi necesare: Layer Axe, tip de linie „Dashdot2", grosime 0,13; Layer Contur, tip de linie continuă „Continuous", grosime 0,3 (vezi figura de mai jos).

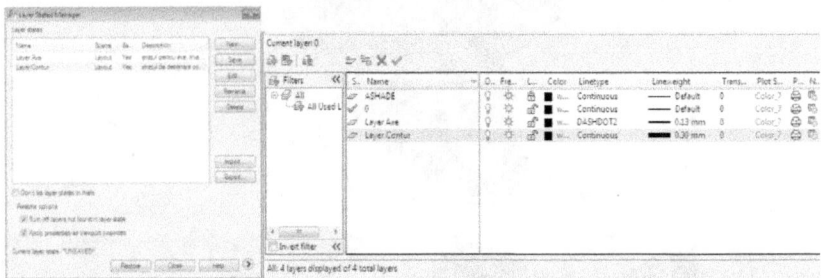

Se setează ca „layer" curent stratul „Layer Axe", și se trasează axele în planul XOY, Ortho/On.

UCS/New/origin/ punctul de intersecție al axelor.

Se stabilește punctul de vedere:

Command: Vpoint: 1,1,1<Enter>

Se trasează cercul:

Command: c<Enter>

Specify center point for circle or...: 0,0,0<Enter>

Specify radius of circle or [Diameter]:35<Enter>

Se trasează cele două axe ale tuburilor racordului spațial:

Command:l<Enter>

Specify first point:0,0,0<Enter>

Specify next point or [Undo]:0,0,85<Enter>

Specify next point or[Undo]:<Enter><Enter>

Specify first point:0,0,50<Enter>

Specify next point or [Undo]:50,0,50<Enter>

Specify next poit or [Undo]:<Enter>

Apare construcția din figura de mai jos.

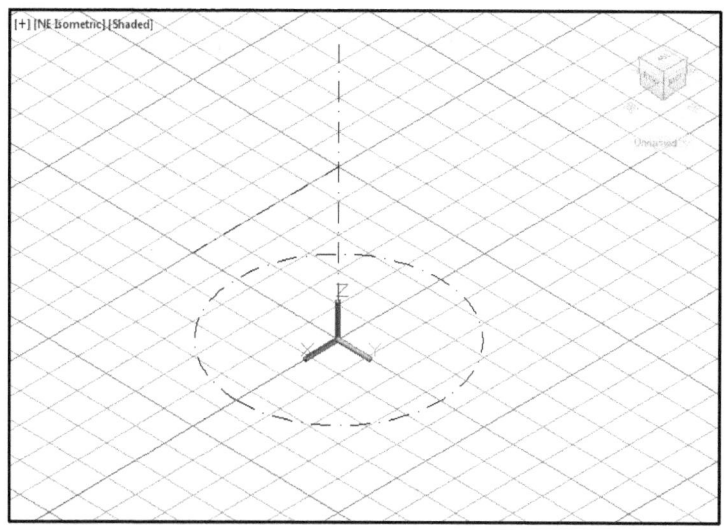

S-a trasat cercul axă pentru cercurile găurilor de prindere ale flanşei. În continuare comutăm pe stratul contur, şi desenăm cele patru cercuri pentru găuri, dar şi alte patru cercuri concentrice cu ele care susţin conturul exterior al flanşei. Se desenează mai întâi un cerc de rază 6 cu centrul la intersecţia axei X sau Y cu cercul axă. Apoi se desenează un alt cerc concentric de rază dublă, 12. Cu Array Polar se multiplică cercurile de patru ori, distribuite simetric pe 360 deg. Se trasează o dreaptă tangentă la două cercuri apropiate de susţinere, şi se multiplică de 4 ori simetric cu Array Polar pe 360 deg. Se obţine figura de mai jos.

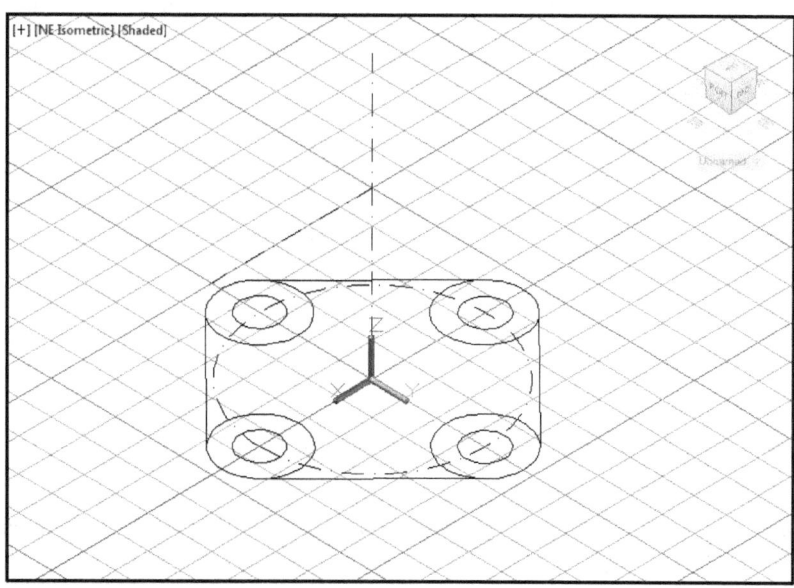

Dacă cercurile s-au legat între ele într-un bloc (când atingem unul se selectează mai multe) le desfacem (separăm) cu Explode. Utilizăm apoi comanda Break pentru fiecare din cercurile de racord, pe rând, pentru a le reteza părţile interioare (suplimentare). Figura ar trebui acum să arate ca cea de mai jos.

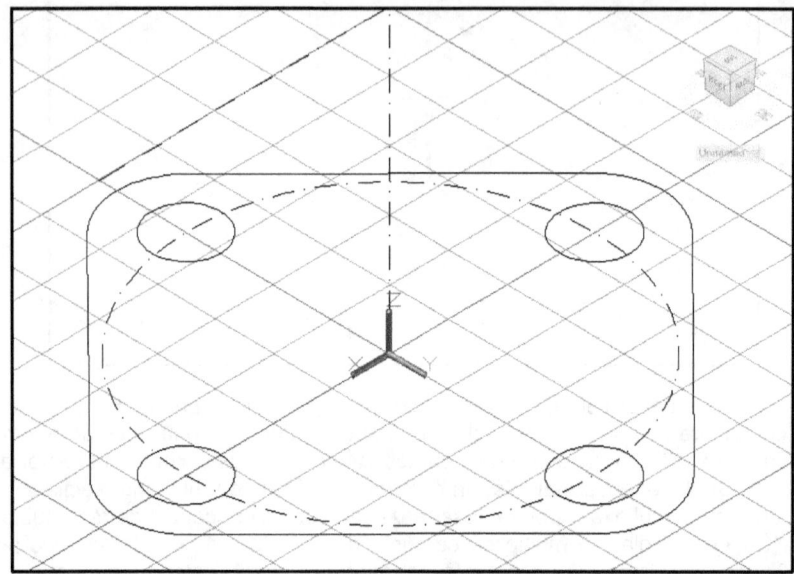

Trebuie să transformăm conturul exterior în polilinie pentru a putea fi extrudat. Mai întâi verificăm să nu mai existe blocuri deoarece liniile conturului au fost create cu array; dacă acestea sunt legate între ele (într-un bloc) trebuie să le separăm cu Explode. Toate cele 8 elemente ale conturului trebuie să fie separate (să nu aparţină unui bloc, sau grup, etc). Apoi aplicăm comanda de editare a poliliniilor PEdit.

*Select polyline or [Multiple]:*m<Enter>

Select objects: se selectează toate elementele conturului exterior.

Select object 1 found, 8 total

Select object<Enter>

Convert Lines and Arcs to polylines [Yes/No]?<Y>:<Enter>

*Enter an option[Close/Open/Join/Width/Fit/Spline/Decurve/Ltype gen/Undo]:*j<Enter>

Join Type=Extend

Enter fuzz distance or [Jointype] <0.000>:<Enter>

7 segments added to polyline

Enter an option [Close/Open/Join/Width/Fit/Spline/Decurve/Ltype gen/Undo]:<Enter>

Acum urmează extrudarea conturului flanşei şi a găurilor de prindere. Se dă comanda **EXTrude**, se selectează conturul flanşei şi cele patru cercuri ale găurilor de prindere, se specifică înălţimea *„Specify height of extrusion or [Path]*:15<Enter>". Se obţine piesa (obiectul, sau corpul spaţial) din figura de mai jos.

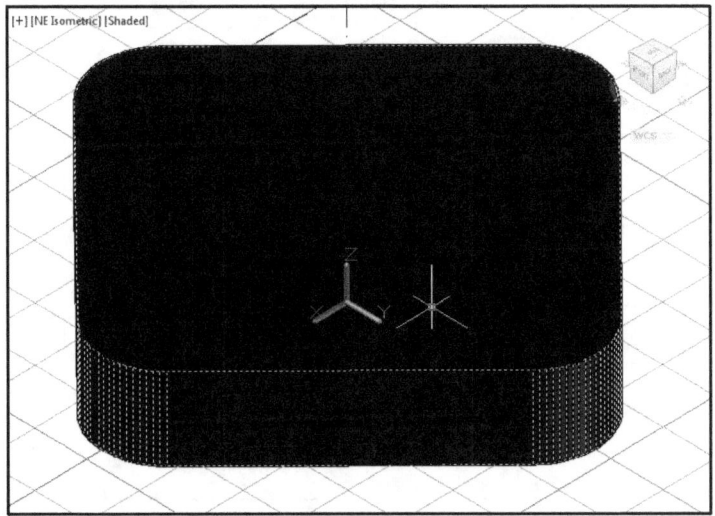

Se construiesc în continuare cele două cercuri centrale, având fiecare centrul în punctul de coordonate (0,0,0) şi razele 10 [mm], respectiv 20 [mm]. Desenul ar trebui să arate acum ca cel din figura de mai jos.

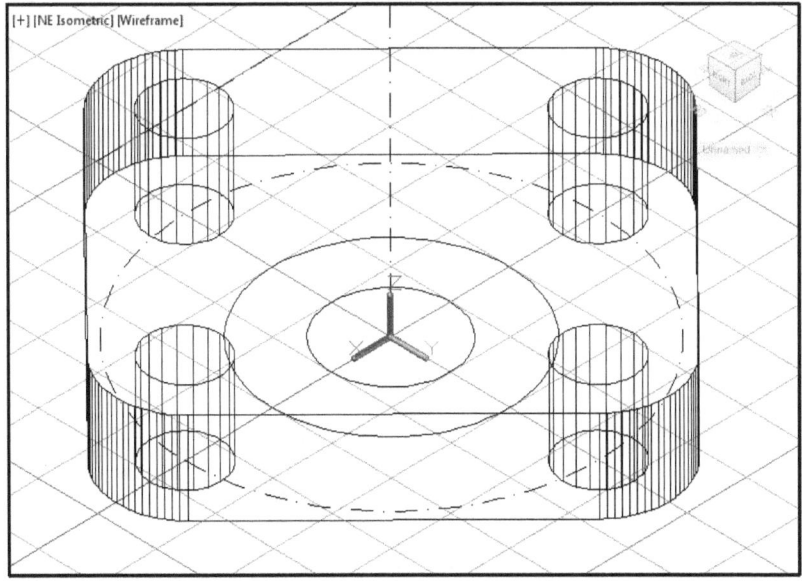

163

Dacă construcția, după extrudare, nu e transparentă (ca-n figura de mai sus), ci deja solidă și opacă (vezi a doua figură de mai sus), va trebui dată comanda **Wireframe** care poate fi accesată și din meniul: View→Visual Styles→Wireframe (ca-n schema indicată mai jos).

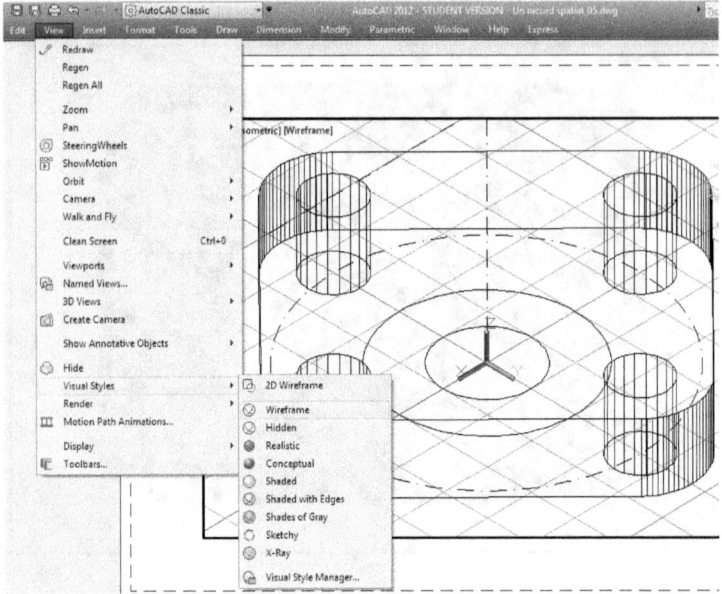

Se extrudează în continuare și cele două cercuri concentrice nou construite cu înălțimea 100 [mm], și se obține figura de mai jos, unde pe lângă suportul flanșei s-a adăugat și țeava centrală cilindrică.

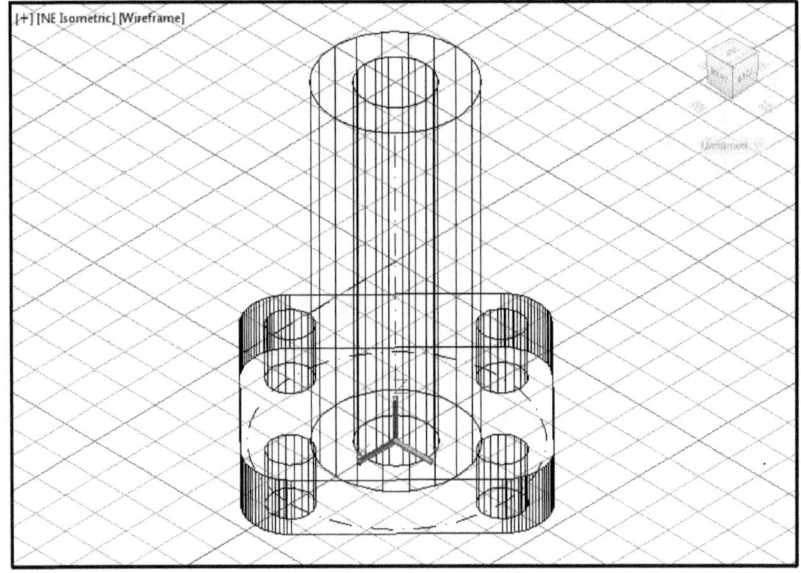

Se realizează deocamdată reuniunea a doar două corpuri din cele 7 deja construite prin extrudare (se unesc suportul flanșei și cilindrul vertical exterior), cu comanda **UNIon**.

Se obține construcția din figura de mai jos (unde au mai rămas 6 corpuri separate (distincte): cei patru cilindri de găuri, cilindrul central interior, și corpul exterior obținut prin reuniunea suportului flanșei cu cilindrul central exterior.

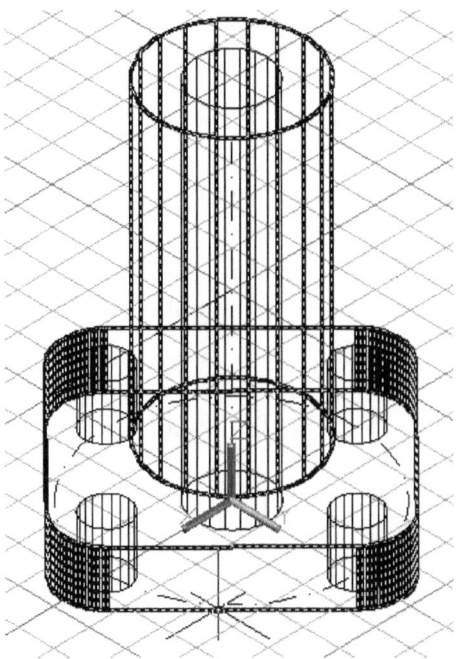

În continuare se va construi cilindrul orizontal. Se schimbă UCS-ul la capătul axei cilindrului orizontal și se rotește astfel încât axa Z să corespundă axei cilindrului, apoi se construiesc două cercuri concentrice de raze 7,5 [mm] respectiv 15 [mm] ambele perpendiculare pe axă.

Pentru început se dă comanda:

Command: UCS

Current ucs name: *NO NAME*

Specify origin of UCS or
*[Face/NAmed/OBject/Previous/View/World/X/Y/Z/ZAxis] <World>:*n<Enter>

Specify origin of new UCS or [Zaxis/3point/Object/Face/View/X/Y/Z]
*<0,0,0>:*35,0,50<Enter> (se observă mutarea originii ucs-ului în punctul ce reprezintă capătul stâng al axei orizontale a celui de al doilea tub al racordului spațial; vezi figura de mai jos-stânga).

Urmează comenzile de rotire a UCS-ului:

*Command:*UCS

Current ucs name: *NO NAME*

Specify origin of UCS or
*[Face/NAmed/OBject/Previous/View/World/X/Y/Z/ZAxis] <World>:*y<Enter>

Specify rotation angle about Y axis <90.00>: -90<Enter>

Comanda are ca efect rotirea UCS-ului în jurul axei Y cu un unghi de -90 deg, astfel încât axa Z să se suprapună peste axa orizontală a celui de-al doilea tub (poziționat orizontal) al racordului, ea fiind deja orientată în sensul dorit (către interiorul cilindrilor verticali; vezi figura de mai jos-centrală).

*Command:*UCS

Current ucs name: *NO NAME*

Specify origin of UCS or
*[Face/NAmed/OBject/Previous/View/World/X/Y/Z/ZAxis] <World>:*z<Enter>

Specify rotation angle about Z axis <90.00>: 180<Enter>

Comanda are ca efect rotirea UCS-ului în jurul axei Z cu un unghi de 180 deg, astfel încât axa X să se rotească cu un unghi de 180 deg (vezi figura de mai jos-dreapta).

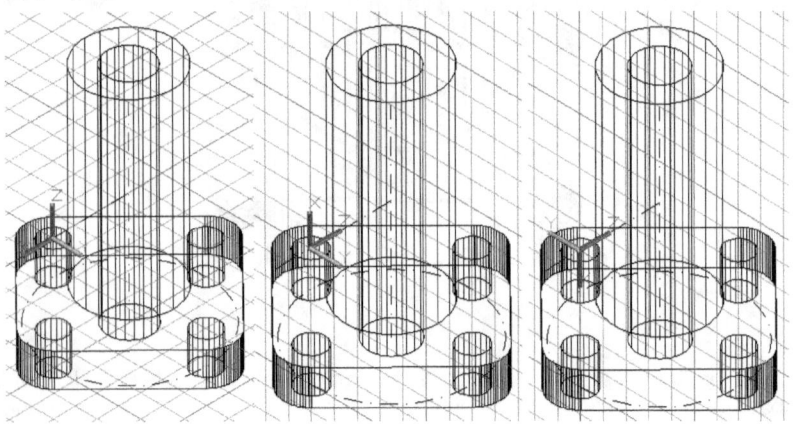

Urmează trasarea celor două cercuri noi, perpendiculare pe noua axă Z, incluse în noul plan XoY.

Command: c

CIRCLE Specify center point for circle or [3P/2P/Ttr (tan tan radius)]:
0,0,0<ENTER>

Specify radius of circle or [Diameter] <20.0000>: 7.5<Enter>

Command: c

CIRCLE Specify center point for circle or [3P/2P/Ttr (tan tan radius)]:
0,0,0<ENTER>

Specify radius of circle or [Diameter] <20.0000>: 15<Enter>

Cele două noi cercuri s-au ataşat construcţiei (vezi figura de mai jos-stânga).

Se extrudează acum noile cercuri construite pe o lungime de 35 [mm] (vezi figura de mai jos-centru).

Se realizează imediat reuniunea (*UNIon*) solidului exterior creeat anterior cu cilindrul orizontal exterior nou creeat (vezi imaginea de mai jos-dreapta).

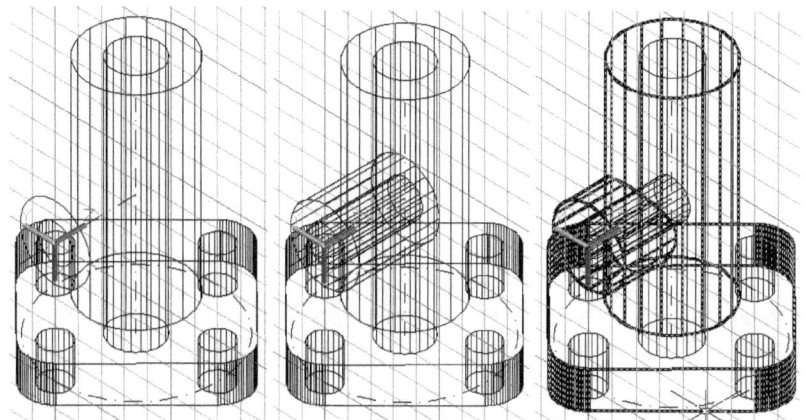

Se reunesc în continuare, cu *UNIon*, toţi cilindrii interiori (care urmează apoi să fie eliminaţi, extraşi), şase la număr (5 verticali şi unul orizontal; cu mare grijă pentru a nu se atinge la selecţie din greşeală şi un punct de pe unul din corpurile exterioare deja reunite; vezi imaginea de mai jos-stânga).

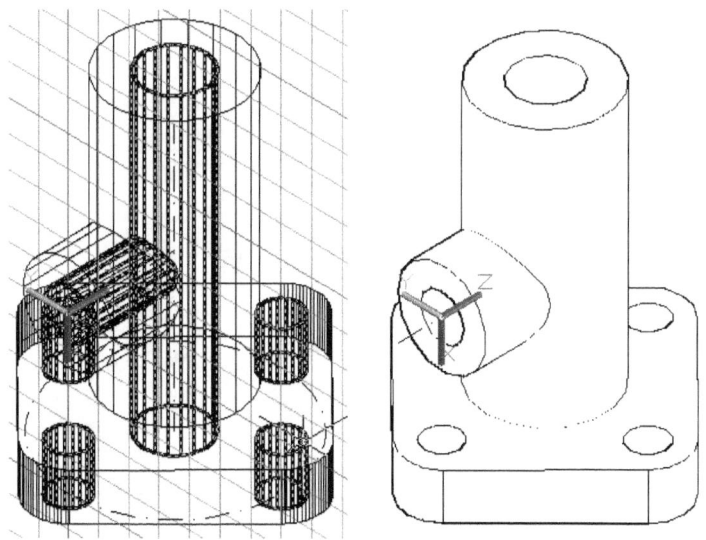

Se extrag părțile interioare reunite cu comanda **SUbtract**.

Se dă comanda **HIde** pentru ascunderea liniilor acoperite (opacizare), iar apoi **Regen** pentru regenerarea modelului (apare imaginea solidului cu muchiile acoperite invizibile, iar suprafețele curbe aproximate poligonal).

Se lansează comanda **DISPSilh**, care reprezintă o variabilă de sistem ce poate avea una din valorile 0 sau 1. Se setează (dacă este nevoie) pe 1, pentru a se evita eventuala parchetare a imaginii exterioare a piesei. Se repetă (eventual) **HIde** și **Regen**. Apare imaginea din figura de mai sus-dreapta.

Se racordează în continuare partea verticală cu cea orizontală cu ajutorul comenzii **FILLEt**, utilizând o rază de racordare de 5 [mm] (vezi imaginea de mai jos-stânga). Se repetă operația pentru îmbinarea dintre cele două tuburi (vertical și orizontal; vezi imaginea de mai jos-centru).

Observație: în mod normal ambele racordări se realizau dintr-o singură operație, dar se pot face și pe rând (pentru prima oară) pentru a se observa efectele operației, și pentru înțelegerea și reținerea mai bună a ei.

Se teșesc apoi marginile celor două tuburi (cel vertical pe interior, iar cel orizontal pe exterior) cu 3 [mm], utilizând de două ori succesiv comanda **CHAmfer**.

Se mai dau preventiv încă odată, succesiv, comenzile **HIde** și **REgen**.

Se obține imaginea finală din figura de mai jos-dreapta.

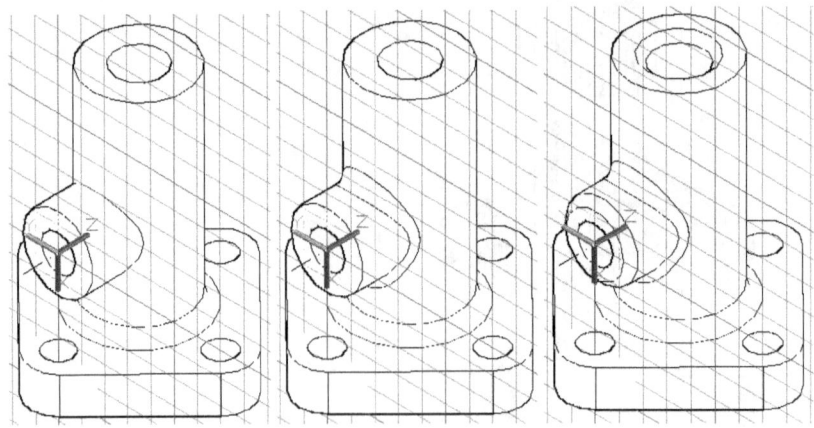

Dacă tăiem (cu Slice) piesa în două jumătăți (simetrice), secționând-o spre exemplu, după planul ZoX, vom obține cele două jumătăți (putem să le păstrăm pe amândouă în desen) din figura de mai jos.

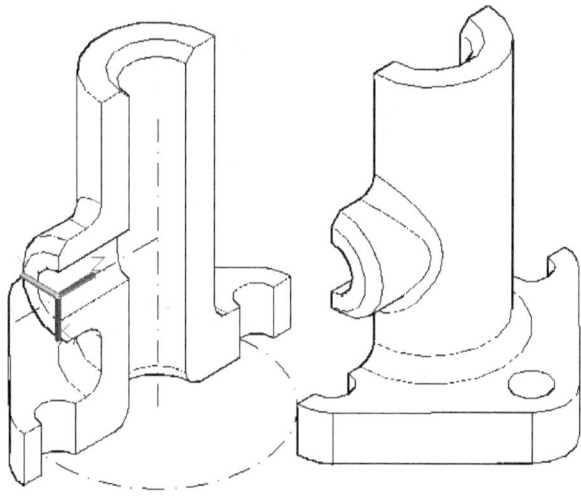

În același stil se construiește un tub cu (două) flanșe (vezi figura de mai jos).

Se construiește mai întâi flanșa inferioară, apoi jumătate din tub, se reunesc părțile exterioare, apoi cele interioare ce vor fi extrase apoi cu **Subtract**, se face racordarea cu **Fillet** și teșirea cu **Chamfer**, după care se mută sistemul de axe în planul superior al cilindrului, plan care deși se află în partea cea mai de sus a flanșei realizate, după dublarea construcției va deveni un plan de mijloc (așa cum apare în figură); se utilizează comanda **Mirror3D**, care cere inițial selectarea obiectului de dublat (se indică construcția, adică flanșa inițială), iar apoi solicită indicarea unui plan de dublare (se indică ZX). Se indică păstrarea și a obiectului de oglindit. Se reunesc apoi cu **Union** cele două corpuri obținute.

Se dă comanda **Hide**, și se colorează obiectul final obținut (un racord de tip țeavă cu flanșe).

Dacă secţionăm piesa realizată cu un plan median, păstrând ambele jumătăţi în desen (dar îndepărtându-le) se obţine imaginea de mai jos (un tub cu flanşe, secţionat după un plan median).

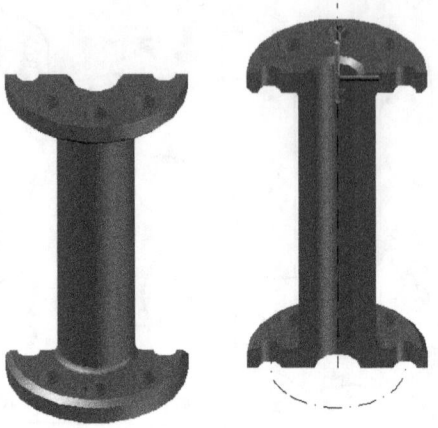

În figura de mai jos s-a construit un teu cu (trei) flanşe. Desenul s-a realizat similar cu cel de mai sus, numai că după dublarea primei flanşe în oglindă s-a mai făcut o rotaţie a primei flanşe cu un unghi de 90 deg faţă de axa X (cu comanda *ROTATE3D*). Cele trei flanşe se reunesc apoi cu **Union** (numai părţile lor exterioare), se dă comanda **Subtract** pentru extragerea părţilor interioare (reunite şi acestea anterior), li se aplică comanda **Hide**, şi se colorează. Se fac teşirile şi filetele necesare. Observaţie (nu se dă comanda Subtract până când nu s-au reunit toate părţile exterioare ale piesei, pentru ca găurile să corespundă).

Dacă secţionăm piesa după un plan median se obţine imaginea din figura de mai jos (S-au păstrat în desen ambele jumătăţi).

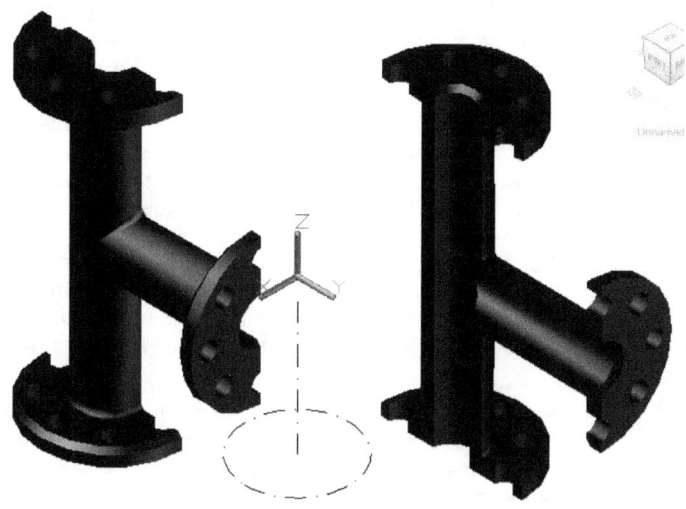

Să se construiască o furcă (spaţială) pornind de la două proiecţii plane ale ei, date în figura de mai jos.

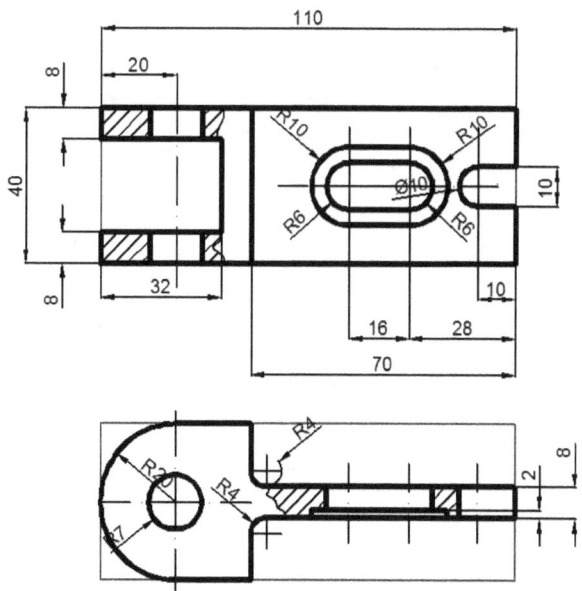

Se construiește inițial partea de jos a furcii (practic un semicerc și un dreptunghi din care lipsește o latură unite între ele într-o polilinie, cu comanda PEdit, în care se alege mai întâi „Multiple", se selectează toate liniile ce vor fi legate și transformate într-o polilinie, se acceptă transformarea, și se alege opțiunea joint; se extrudează apoi conturul pe o înălțime de 4 mm); se mută UCS-ul (ca-n figura de mai jos-stânga) pe linia mediană a furcii, după care se dublează furca cu MIRROR3D, oglinda fiind planul XY (bineînțeles că se păstrează și originalul). Se construiește apoi peretele ce leagă cele două părți ale furcii deja desenate, prin realizarea unui dreptunghi (sau a liniilor sale transformate în polilinie cu PEdit și reunite cu opțiunea joint) care se extrudează pe o înălțime de 20 mm. În același timp (simultan cu dreptunghiul) se selectează și extrudează tot cu 20 mm și cercul găurii furcii care se trasează și el în prealabil. Se reunesc apoi cu union cele trei părți exterioare ale furcii: partea de jos, partea de sus, și peretele vertical (nu se umblă la cilindrul găurilor care a fost construit pentru a fi extras mai târziu; vezi figura de mai jos-stânga).

Se desenează apoi a doua parte a furcii (cea de prindere; vezi figura de mai jos-dreapta), utilizând pentru aceasta planul median (în care s-a mutat deja UCS-ul când s-a utilizat comanda mirror3d); se mută mereu UCS-ul în același plan median, mereu pe axa X, după cerințe; la început se poziționează în unul din cele două focare ale stadionului central și se construiesc cele două semicercuri concentrice de raze 3 respectiv 5 mm; se dublează aceste semicercuri cu Mirror, după care se leagă între ele cu liniile respective; se construiește și partea exterioară; se transformă pe rând fiecare din cele trei curbe în polilinii, cu pedit, utilizând la fiecare și opțiunea joint; se extrudează stadionul central (mai mare) cu 1 mm, și apoi cel mai mic împreună cu conturul exterior cu 4 mm; se reunesc cu union cele două stadioane centrale (ce urmează să fie extrase mai târziu). Imediat se dă comanda ROTATE3D pentru cele trei obiecte nou construite în planul median (se selectează practic doar două obiecte, cel construit prin extrudarea polilinei exterioare și cel al stadioanelor care au fost deja reunite într-un singur obiect); se alege ca axă de rotație axa X; unghiul de rotație introdus va fi de 90 deg.

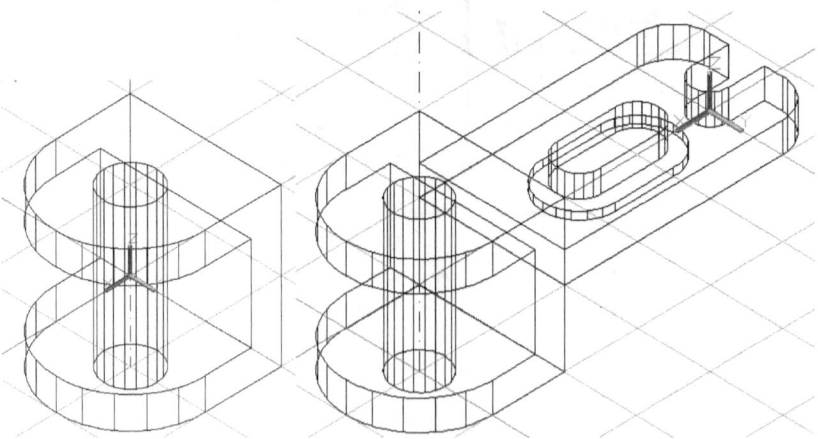

Se obține practic imaginea (construcția) din figura de mai jos.

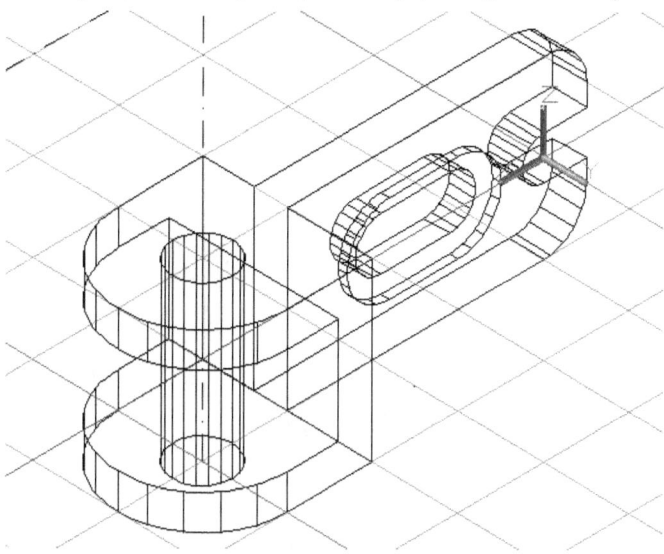

Se reunesc apoi cu Union, mai întâi cele două părți exterioare (cea din stânga și cea din dreapta; fiind atenți să nu selectăm din greșeală și un miez), iar apoi cele două părți interioare care trebuiesc extrase (coloana din stânga și stadionul comun din dreapta, care a fost rotit); se dă comanda SUbtract (selectând prin comenzi succesive, mai întâi corpul exterior, și apoi pe cel interior care trebuie extras). Dăm în continuare comanda Hide, alegem o culoare pentru linia de contur, aplicăm opțiunea realistic, după care construcția capătă aspectul (din figura) de mai jos.

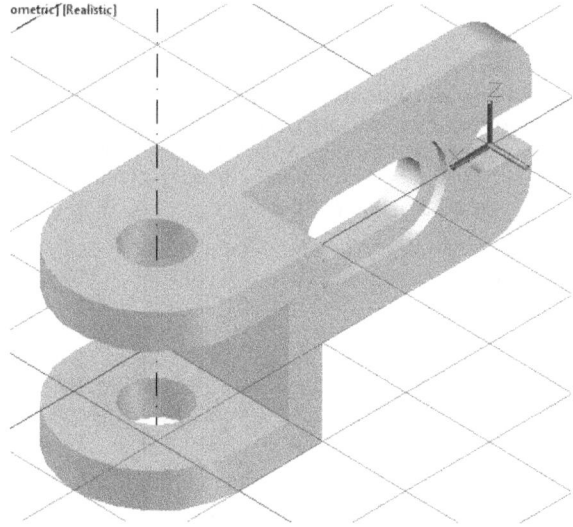

Mai rămâne doar să rotim piesa convenabil și să-i trasăm cele două racordări spațiale, din dreptul îmbinărilor, cu comanda *FILLEt* (raza 2 mm).

Alegem în continuare (spre exemplu) aspectul conceptual; piesa finală va arăta ca-n imaginea din figura de mai jos.

În continuare se va prezenta un model de arbore de distribuție desenat în AutoCAD. Camele au profilul cosinusoidal, simetric (s-au construit profilele camelor la anumite distanțe, bine determinate, fiecare profil fiind rotit cu unghiul necesar; unghiurile de rotație ale distribuției motoarelor diferă foarte mult, aici utilizându-se doar un exemplu aleator).

Pe o axă verticală în fiecare punct de camă s-a construit profilul respectiv (cosinusoidal simetric) rotit cu unghiul indicat de constructor. Apoi s-a construit grosimea necesară cu EXTrude, pentru fiecare camă în parte. Sunt desenate în total opt came (4 de admisie și 4 de evacuare) corespunzătoare schemei clasice cu două supape pe cilindru (una de admisie și alta de evacuare) pentru un arbore de distribuție destinat unui motor cu patru cilindri. S-a desenat și cercul arborelui care s-a extrudat pe lungimea necesară, după care s-au reunit toate obiectele cu UNIon.

S-au mai dat comenzile: hide și shaded, după care s-a rotit piesa cu Orbit→Continuous Orbit. Cu mouse-ul s-a oprit rotația într-o poziție convenabilă și a rezultat imaginea din figura de mai jos obținută cu Print Screen (copiază ecranul)→Paste.

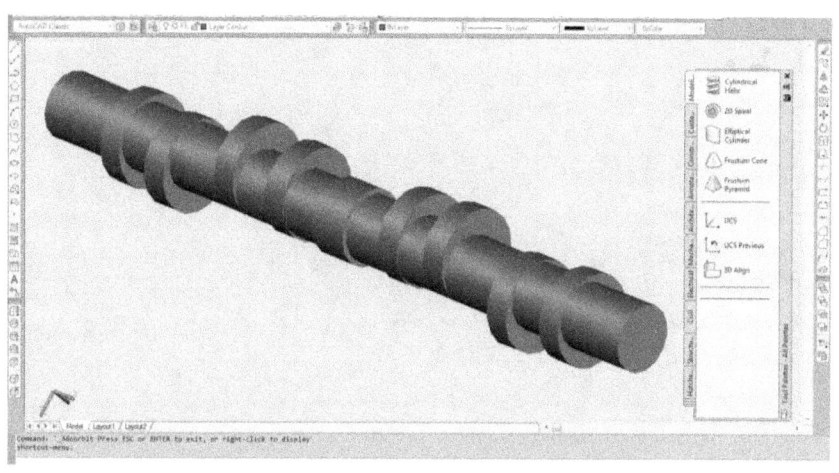

BIBLIOGRAFIE

[1] C. Stancescu, Modelarea parametrica si adaptiva cu Inventor, Vol. 1-2, Editura Fast, ISBN vol 1: 978-973-86798-5-6, 314 p., vol 2: 978-973-86798-4-9, 350 p., Bucuresti, 2009-2010.

[2] C. Stancescu, s.a., Proiectare Asistata cu Autodesk Inventor, Indrumar de Laborator, Editura Fast, ISBN 978-973-86798-3-2, 224 p., Bucuresti, 2008.

[3] R. List, Catia V5 – Grundkurs fur Maschinenbauer, Editura Springer, ISBN 978-3-8348-1216-2, 358 p., Germany, 2005-2010.

[4] I. Simion, AutoCAD 2006 pentru ingineri, Editura Teora, ISBN 978-973-20-1001-3, 280 p., Bucuresti, 2006.

[5] S. Ionita, I. Vasilescu, Grafica inginereasca asistata de calculator, Editura Bren, ISBN 978-973-648-697-5, 160 p., Bucuresti, 2007.

[6] D. Dobre, Grafica inginereasca, Editura Bren, ISBN10: 973-648-541-2, 350 p., Bucuresti, 2006.

[7] *** Autodesk AutoCAD 2012, User's Guide.

www.ingramcontent.com/pod-product-compliance
Lightning Source LLC
Chambersburg PA
CBHW051517170526
45165CB00002B/511